Anum Liaqat Isma Younes
Muhammad Shafiq
Rakhshanda Sadaf

Emissões ambientais das indústrias do ferro e do aço em Lahore

Anum Liaqat Isma Younes
Muhammad Shafiq
Rakhshanda Sadaf

Emissões ambientais das indústrias do ferro e do aço em Lahore

e os seus efeitos na saúde humana

ScienciaScripts

Imprint
Any brand names and product names mentioned in this book are subject to trademark, brand or patent protection and are trademarks or registered trademarks of their respective holders. The use of brand names, product names, common names, trade names, product descriptions etc. even without a particular marking in this work is in no way to be construed to mean that such names may be regarded as unrestricted in respect of trademark and brand protection legislation and could thus be used by anyone.

Cover image: www.ingimage.com

This book is a translation from the original published under ISBN 978-620-2-19860-8.

Publisher:
Sciencia Scripts
is a trademark of
Dodo Books Indian Ocean Ltd. and OmniScriptum S.R.L publishing group

120 High Road, East Finchley, London, N2 9ED, United Kingdom
Str. Armeneasca 28/1, office 1, Chisinau MD-2012, Republic of Moldova, Europe
Printed at: see last page
ISBN: 978-620-8-05179-2

Índice

Prefácio

Este estudo investigou a relação entre a poluição atmosférica industrial (ferro e aço) e os seus efeitos na saúde humana. Trata-se de um estudo descritivo da indústria do ferro e do aço de Lahore. No presente estudo, havia dois grupos de população-alvo: um que vivia na indústria e outro que vivia na zona adjacente à indústria. O investigador selecionou 36 indústrias e 150 inquiridos utilizando o método de amostragem aleatória. O instrumento de recolha de dados foi um questionário bem estruturado. Os questionários eram constituídos por vinte e uma perguntas. Foi utilizado o teste do Qui-Quadrado para examinar os dados que indicavam que as pessoas que respiravam perto da zona industrial eram mais afectadas pela poluição atmosférica industrial do que as que respiravam longe da zona industrial. Os resultados mostraram que a maioria dos inquiridos (98,5 %) estava consciente da razão básica da poluição atmosférica na área de estudo, mas cinquenta e dois (52) por cento dos inquiridos estavam conscientes dos poluentes atmosféricos emitidos pela indústria do ferro e do aço e dos seus efeitos na saúde humana. A maior parte dos inquiridos abordou diferentes questões de saúde, como problemas respiratórios, diferentes tipos de alergias e infecções, problemas de estômago e frequência cardíaca elevada devido ao fumo industrial e dores de ouvidos, dores de cabeça, corrimento auditivo, perda temporária de audição, depressão, etc., devido ao ruído industrial. A maioria dos inquiridos (95,3 %) sente dificuldade em lidar com a situação atual dos poluentes atmosféricos e sonoros.

Dedicado às nossas famílias

Lista de abreviaturas

EPA	Environmental Protection Agency
LCCI	Lahore Chamber of Commerce and Industry
PM	Particulate Matters
CO	Carbon Monoxide
SO_2	Sulphur Dioxide
NOx	Nitrogen Oxides
ppm	parts per million
GIS	Geographic Information System
SPSS	Statistical Package for the Social System
mg/Nm^3	Milligrams per Newton Cubic Meter
dB	Decibel
mg	Milligram
GHG	Green House Gases

Capítulo 1

INTRODUÇÃO

1.1 Geral

A industrialização é um elemento essencial para melhorar a situação económica dos países em desenvolvimento. Aumenta o bem-estar económico dos cidadãos e fornece-lhes os bens materiais que consomem ou querem consumir. Por outro lado, esta atividade industrial gera um bem-estar ecológico desfavorável através da descarga de poluentes no ar e na água, causando efeitos nocivos na saúde humana e no ambiente. Este fenómeno ocorre geralmente nos países em desenvolvimento devido à menor concentração nos produtores de controlo da contaminação e à sua não adoção total (Shiru&Niu, 2011). Diferentes indústrias estão a emitir muitos gases diretamente para a atmosfera, o que provoca frequentemente riscos para a saúde e o ambiente, como contaminações do ar, problemas de pele nas pessoas e chuvas corrosivas.

A quantidade de resíduos industriais aumentou nas últimas décadas devido à industrialização. Estes resíduos industriais perigosos criaram uma crise sanitária e ambiental em todo o mundo. Estes resíduos são produzidos a partir de 17 produtos industriais de fabrico de ferro e aço, plástico, vidro, alimentos, pasta de papel e papel, produtos químicos inorgânicos e orgânicos, etc. Na China, 70% da produção é feita a partir da queima de carvão, que emite muitos venenos como PM, SO_2, NOx, CO, CO_2, etc., sem qualquer controlo das descargas. Algumas fábricas de transformação em pequena escala, como a coloração de materiais, baterias de chumbo, purificação de metais, etc., também emitem alguns poluentes perigosos como Cr, Pb, Hg, cianeto, etc., que poluem os cursos de água, o ar e o solo (Hays, 2008).

Devido ao rápido crescimento e desenvolvimento da indústria do ferro e do aço, esta indústria tem um efeito direto na economia mundial. Os principais produtores de ferro e aço no mundo são os EUA, a Rússia, a Alemanha, a Índia, a França, a Coreia do Sul, a China, o Japão, o Brasil, a Ucrânia, a Itália e a Grã-Bretanha. Estes países são também a principal fonte de poluição atmosférica. O Paquistão é o sexto país mais populoso, mas não é o principal produtor de ferro e aço. Além disso, a indústria siderúrgica desempenha um papel vital na economia do Paquistão. No Paquistão, a indústria do ferro e do aço está distribuída de forma aleatória. Para desenvolver a sua economia, o Paquistão necessita da criação de novas unidades industriais. Devido ao crescimento industrial não planeado, o ar destas unidades industriais está poluído devido à emissão de substâncias tóxicas das fábricas e, por outro lado, a maior parte das massas de água e dos solos também está poluída pelas substâncias tóxicas libertadas pelas unidades industriais (Hussain, 1996).

Karachi é o principal sector de produção de ferro e aço, a primeira maior área metropolitana e Lahore é o segundo maior centro financeiro do país, bem como o segundo lugar para a indústria do ferro e do aço. As principais zonas industriais de Lahore situam-se em Badami bagh, Shahdara, G.T. road, Bund road, Ferozepur road, Multan road, etc. Para além da sua contribuição para a economia, estas indústrias emitem poluentes tremendos para a atmosfera e são consideradas zonas altamente poluídas em Lahore. Na estrada Bund encontra-se uma grande concentração de indústrias siderúrgicas. Estas indústrias, por um lado, satisfazem a procura de ferro e aço no país e, por outro, são o principal fator de poluição atmosférica. Os poluentes da indústria do ferro e do aço afectam fundamentalmente o ambiente e a saúde humana.

A produção de aço consiste em diferentes processos, como a sinterização, o alto-forno, a fundição e outras operações que emitem diferentes tipos de poluentes para o ar, a água e o solo. A instalação de sinterização é a instalação dominante na produção de aço que emite grandes quantidades de óxidos de ferro, óxidos de enxofre, óxidos de cálcio, hidrocarbonetos, compostos carbonados, cloretos, dióxidos de azoto e monóxido de carbono (Doushanov, 2010).

A indústria do ferro e do aço polui a água através da libertação de matéria orgânica, metais pesados, sólidos em suspensão, benzeno, fluoretos e cianetos sulfatados. Estas indústrias também têm algum impacto negativo no solo, produzindo escórias, lamas, compostos de enxofre, metais pesados, gorduras e sal. O ruído produzido pela indústria siderúrgica tem um efeito nocivo na saúde humana, particularmente nos ouvidos humanos (Mohamed, 2013).

A indústria siderúrgica paquistanesa utiliza carvão e gás natural como combustível, mas muitas pequenas indústrias siderúrgicas utilizam pneus como combustível. Devido aos pneus, as nuvens negras de fumo cobrem a linha do horizonte dia e noite. Um pneu contém numerosos produtos químicos como o estireno, o butadieno e o cloreto. Estes poluentes contêm chumbo, crómio, cádmio e mercúrio que não ardem e são libertados na atmosfera sob a forma de cinzas fragmentadas. O fumo dos pneus contém 407% mais crómio, 392% mais chumbo e 1448% mais arsénio do que o carvão (enciclopédia americana).

Estes poluentes perigosos têm inúmeros efeitos nocivos para a saúde humana. Os NOx podem provocar irritação ocular, doenças cardiovasculares e infecções respiratórias. Os SOx são gases irritantes e danificam o revestimento mucoso do trato respiratório, podendo provocar irritação dos olhos e da garganta e levar a bronquite crónica. O COx e o CO são um gás asfixiante potente e perturbam o funcionamento normal da hemoglobina. As partículas com menos de 10 µm são muito susceptíveis de prejudicar a saúde humana. Penetram profundamente nos pulmões e prejudicam o sistema respiratório. O Pb pode afetar a função renal e destruir o sistema imunitário. Alguns outros poluentes também têm efeitos nocivos para a saúde humana, que são analisados em pormenor no capítulo 4.

Tendo em conta os efeitos desfavoráveis dos poluentes industriais no ambiente e no ser humano. Há uma grande necessidade de compreender a origem dos tóxicos e os seus efeitos. Por conseguinte, o presente estudo tem por objetivo determinar a distribuição espacial dos poluentes libertados pela indústria do ferro e do aço e os seus efeitos nocivos para a saúde humana na cidade de Lahore.

1.2 Objetivo da investigação

O principal objetivo desta investigação foi estudar a distribuição espacial dos poluentes libertados pela indústria siderúrgica de Lahore e os seus efeitos na saúde humana.

1.3 Objectivos da investigação

Esta investigação centrou-se nos seguintes objectivos

> Estudar a distribuição espacial dos poluentes libertados pela indústria do ferro e do aço em Lahore.

> Estudar o efeito dos poluentes na saúde humana.

1.4 Área de estudo

A cidade de Lahore foi selecionada como área de estudo para a presente investigação. As principais zonas da indústria siderúrgica da cidade de Lahore que foram selecionadas como amostra são a cidade de Shalamar e a cidade de Wagah.

1.4.1 Localização

Lahore situa-se entre 31°15' e 31°43' de latitude norte e 74°10' e 74°39' de longitude leste. Lahore é a capital da província de Punjab. Com 34th , Lahore é a área mais povoada do mundo. Lahore é limitada a sul pelo distrito de Kasur, a norte e a oeste pelo distrito de Sheikhupura e Wagah situa-se a leste. A zona norte de Lahore tem o rio Ravi (DCR, 2000). A área total do distrito de Lahore cobre 1.772 km^2 . A população total estimada do distrito de Lahore é de 16776 mil pessoas. A densidade populacional do distrito é de 946,72 pessoas por quilómetro quadrado (Punjab development statistic 2014-2015).

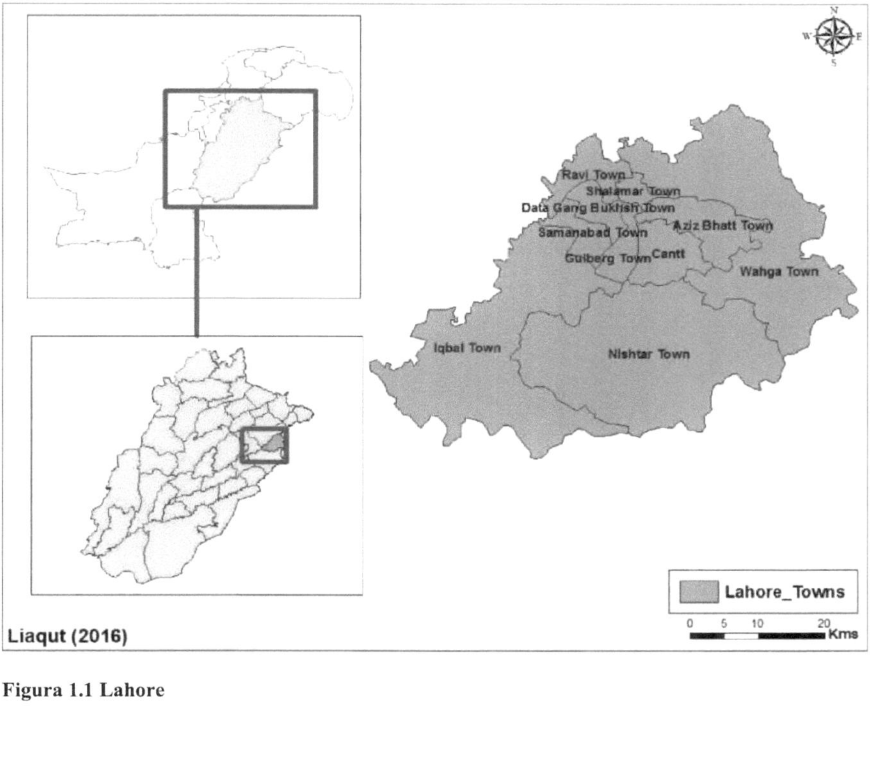

Figura 1.1 Lahore

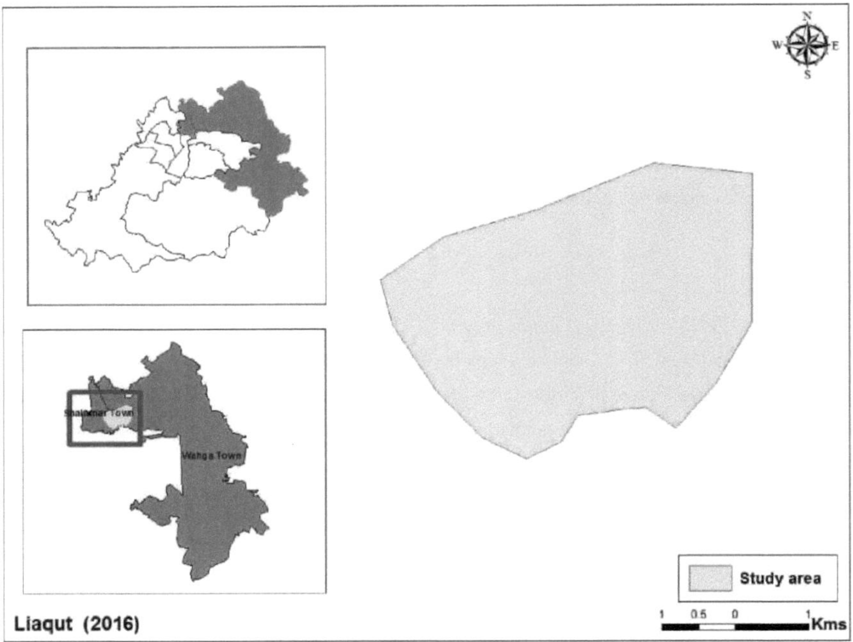

Figura 1.2 Área de estudo

1.4.2 Cidades Admlnlstratlve

De acordo com o relatório do recenseamento distrital do Paquistão (2000), o distrito de Lahore está dividido em 9 cidades.

1. Cidade de Ravi
2. Cidade de Shalamar
3. Cidade de Wagah
4. Cidade de Aziz Bhatti
5. Dados da cidade de Ganjbakhsh
6. Gulberg e cidade de acantonamento
7. Cidade de Samanabad
8. Cidade de Iqbal
9. Cidade de Nishtar

1.1.3 Topografia

A área metropolitana de Lahore é normalmente uma planície aluvial plana e inclina-se para sudoeste e sul com um gradiente médio de 1:3000. É dobrada pelas deposições aluviais efectuadas pelo rio Ravi. O rio Ravi corre a oeste do distrito de Lahore e forma uma fronteira com o distrito de Sheikhupura. Topograficamente, divide-se em duas partes. Por um lado, a zona de planalto a leste, longe do rio Ravi, sem colinas ou montanhas de qualquer tipo, e, por outro lado, a zona aluvial baixa ao longo do rio Ravi. As terras baixas são geralmente inundadas pelas águas do rio durante as cheias da monção. As caraterísticas fisiográficas originais, como os canais remanescentes, diques, etc., foram demolidas ou alteradas pela construção de infra-estruturas urbanas. Os esgotos substituíram os meandros. A planície de inundação é delimitada pela construção de aterros e esporões, etc. A planície de inundação sub-nova é 4 a 8 metros mais alta do que a planície de inundação recente. Estas planícies podem ser identificadas em vários locais: Shalamar Garden, Mughal pura e Multan road, etc. (LDA, 2004).

1.1.4 Clima

Lahore tem um clima extremo (DCR, 2000). As caraterísticas gerais são brevemente discutidas a seguir.

1.1.4.1 Temperatura

A época de inverno em Lahore é amena e curta. Começa em novembro e termina quase em março. dezembro, janeiro e fevereiro são os meses mais frios. A temperatura máxima é de 21,1°C e a temperatura mínima neste período é de 7,2°C. A estação do verão é comparativamente muito quente e seca. Começa normalmente em abril e termina em setembro. Os meses mais quentes são maio, junho e julho. A temperatura média máxima e a temperatura média mínima são de 40,4°C e 27,3°C, respetivamente (PMC, 2015). A tabela 1.1 e a figura 1.3 mostram a temperatura média máxima e a temperatura média mínima durante os últimos 30 anos.

Tabela 1.1. Temperatura média mensal (C°) (1986-2014)

Meses	Temperatura máxima (C°)	Temperatura mínima (C°)
janeiro	18.7	5.2
fevereiro	22.1	8.7
março	27.3	13.9
abril	34.3	19.1
maio	39.2	24.2
junho	39.4	26.7
julho	35.8	26.6
agosto	34.6	26.2
setembro	34.4	23.9
outubro	32.4	18.1
novembro	27.2	11.4
dezembro	21.3	6.2

Fonte: Centro Meteorológico do Paquistão, Lahore.

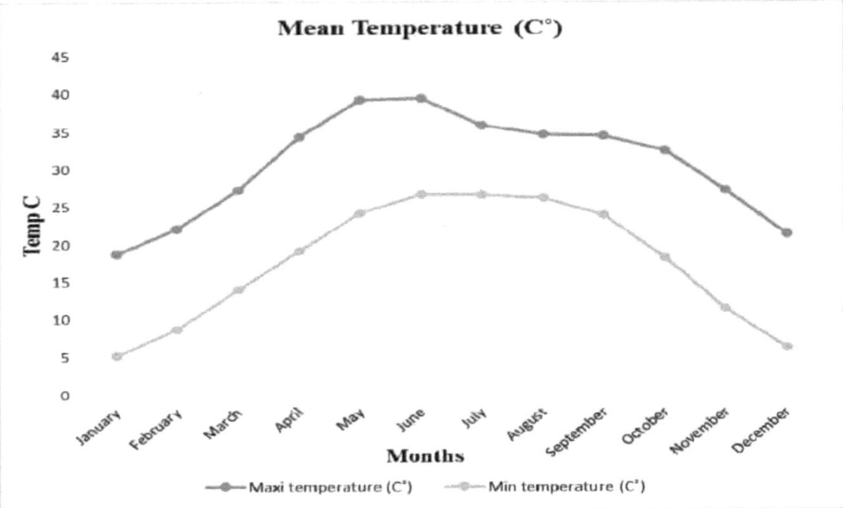

Figura 1.3 Temperaturas médias em Lahore (1986-2014)

1.4.4.2 Precipitação

Lahore é uma região semi-árida. A precipitação em **Lahore** varia de ano para ano e também de mês para mês. Durante a monção, a precipitação máxima ocorre em julho e agosto, quase dois terços da precipitação anual. (Ver quadro n.º 1.2, figura 1.4). Devido à distribuição ocidental, a precipitação ligeira a moderada ocorre durante janeiro e fevereiro. Em geral, a precipitação média anual em Lahore é de cerca de 655,8 mm, com aproximadamente 34 dias de chuva (ou seja, 9,3% do **total de** dias) num ano (PMC, 2015).

Tabela 1.2. Precipitação anual mensal (mm) (1986-2014)

Meses	**Precipitação média (mm)**
janeiro	18.3
fevereiro	35
março	30.1
abril	18.1
maio	18.6
junho	64.7
julho	178.2
agosto	181.3
setembro	84.8
outubrc	10.9
novembro	6.4
dezembro	8.8

Fonte: Centro Meteorológico do Paquistão, Lahore.

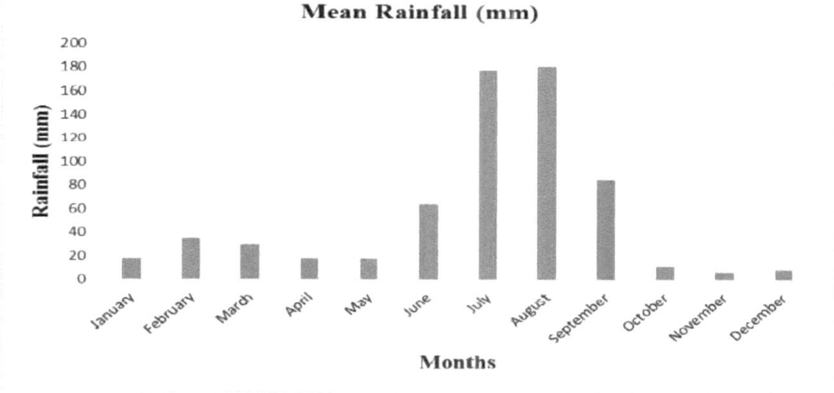

Figura 1.4. Precipitação média anual em Lahore (1986-2014)

1.4.4.3 Humidade

A humidade relativa ao longo do dia é mais baixa no verão e mais elevada no inverno. A estação das monções começa no final de junho ou no início de julho. Nestes **meses**, há muita chuva e um clima quente e húmido. Em julho, agosto e setembro, o tempo torna-se praticamente rigoroso. Ocorrem ocasionalmente tempestades de poeira durante maio e junho, que são meses quentes e secos (DCR, 2000). A variação mensal dos registos da humidade relativa em Lahore é apresentada no Quadro 1.3 e na Figura 1.5.

Tabela 1.3. Padrão mensal de humidade relativa (1986-2014)

Meses	8 horas	5 horas da tarde
janeiro	83.9	52.2
fevereiro	76.4	45.7
março	67.7	40
abril	47.8	26.4
maio	42	24.2
junho	53.5	34.4
julho	76.4	57.9
agosto	78.7	62.9
setembro	74.7	54.1
outubro	71.9	43.8
novembro	77.6	47.5
dezembro	84	53.5

Fonte: Centro Meteorológico do Paquistão, Lahore.

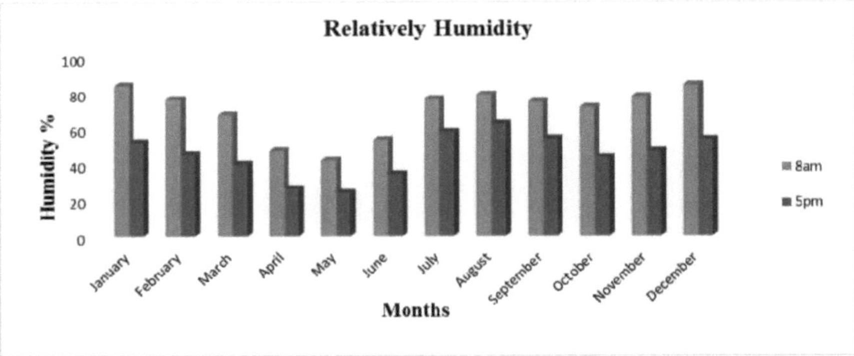

Figura 1.5. Humidade relativa em função dos meses em Lahore (1986-2014)

1.1.5 Factores de localização

Muitos factores geográficos importantes desempenham um papel vital na localização de indústrias individuais mas, para além dos factores geográficos, há alguns factores não geográficos que influenciam a localização da indústria.

Nos factores geográficos, a matéria-prima é o fator fundamental para o crescimento da indústria. É de extrema importância a localização da indústria siderúrgica. O fornecimento de energia eléctrica é também essencial para a localização da indústria. O carvão, os combustíveis fósseis e o gás natural são as principais fontes de energia. O fornecimento regular de energia é necessário para o funcionamento das instalações siderúrgicas. A indústria do ferro e do aço depende principalmente do carvão de coque, pelo que é frequentemente instalada em locais onde o carvão é fácil de encontrar. A mão de obra é o terceiro fator importante para o funcionamento de qualquer instalação industrial. Para qualquer instalação industrial são necessários três tipos de mão de obra: não qualificada, qualificada e de gestão. No Paquistão, a indústria do ferro e do aço necessita de mão de obra não qualificada e qualificada. Os transportes também são factores de localização para a indústria, uma vez que são necessários transportes para a montagem das matérias-primas e a comercialização dos produtos manufacturados.

Todo o processo de fabrico não é rentável enquanto os produtos acabados não chegarem ao mercado, pelo que o mercado é extremamente importante para a rápida distribuição dos produtos fabricados. A água é outra necessidade importante para as indústrias. Algumas indústrias, como a siderúrgica, a têxtil e a química, precisam de mais água do que outras. A indústria do ferro e do aço precisa de 300 000 litros para funcionar corretamente. Por último, os factores geográficos e o clima desempenham um papel essencial no estabelecimento de indústrias em qualquer local. As indústrias não podem ser desenvolvidas em climas extremamente frios, húmidos e quentes. Lahore é muito adequada para muitas indústrias.

Os factores não geográficos (factores políticos, históricos, sociais e económicos) influenciam em grande medida as indústrias modernas. Outros factores não geográficos, como o capital, as políticas governamentais, as facilidades bancárias, a organização eficiente e os seguros, aumentam a importância da localização das indústrias.

1.5 Atividade industrial em Lahore

Em 1947, Lahore tornou-se um importante centro industrial do país. As fábricas produzem produtos têxteis, químicos, fertilizantes, peças para automóveis, produtos de ferro e aço e produtos farmacêuticos, etc. Cerca de 40 000 indústrias de pequena escala estão a funcionar em várias partes de Lahore. No relatório da LCCI, 18,2% do total das fábricas pertencem à produção têxtil, 12,6% ao equipamento de transporte, 6,5% à indústria do plástico e 6,1% à indústria gráfica.

De acordo com a LCCI (Câmara de Comércio e Indústria de Lahore, 2014), 13,8% das indústrias pertencem a produtos de ferro e aço e esta indústria também contribui para a poluição atmosférica porque os fumos da indústria são normalmente libertados para a atmosfera com ou sem qualquer tratamento. A indústria transformadora em grande escala representa 10,6% do PIB, sendo a contribuição da indústria siderúrgica do Paquistão de 35,63% (Economic survey of Pakistan 2014-2015). Estima-se que as indústrias produzem 7,2 toneladas de resíduos industriais por dia.

As principais indústrias encontram-se em diferentes locais. As grandes concentrações de indústrias estão localizadas em algumas zonas: Sunder industrial estate, Kotlakhpat, Ferozepur road, Multan road, Badamibagh, Band road, Gulberg, Walton cant, mas a maior concentração de siderurgias encontra-se em Band road (Basimor, Shadipura, Momanpura, ring road e Darogawal). As indústrias são uma parte essencial do desenvolvimento da cidade e satisfazem a procura de uma população crescente. Estas unidades industriais produzem anualmente uma enorme quantidade de resíduos sob a forma de sólidos, líquidos e gasosos, mas o tratamento inadequado das emissões industriais aumenta a pressão sobre o ambiente.

Estas zonas industriais são agora consideradas zonas residenciais porque, nas últimas décadas, a urbanização aumentou a população e diminuiu a vegetação. Assim, a poluição do ar e a poluição sonora são maiores aqui do que noutras zonas de Lahore.

1.6 Produtos de siderurgia

Os produtos indispensáveis produzidos na indústria do ferro e do aço são os ângulos, os canais, a barra quadrada, a viga plana, a barra redonda e o tarugo CC, que satisfazem a procura interna do distrito, mas esta indústria liberta diferentes contaminantes que têm efeitos nocivos na saúde humana.

1.7 Normas para a poluição atmosférica e sonora estabelecidas pela EPA

1.7.1 Normas relativas à poluição atmosférica.

A EPA estabeleceu os *critérios* para seis poluentes principais. Trata-se das normas de qualidade dos poluentes atmosféricos. As normas mais recentes são as seguintes Partes por bilião em volume (ppb), partes por milhão em volume (ppm) e microgramas por metro cúbico de ar ($\mu g/m^3$) são unidades de medida das normas.

Quadro n.o 1.______ 4Níveis de poluição atmosférica para seis poluentes principais

Poluentes	Primário/Secundário	Tempo médio	Nível	Formulário
Monóxido de carbono (CO)	Primário	8 horas 1 hora	9 ppm	Não deve ser excedido mais de uma vez no ano.
Chumbo (Pb)	Primário e secundário	Rolamento 3 média mensal	35 ppm 0,15 gg/m^3	Não deve ser excedido.
Dióxido de azoto (NO2)	Primário	1 hora	100 ppb	98th percentil de 1 hora diária máxima concentração, média mais de 3 anos.
	Primário e secundário	1 ano	53 ppb	Média anual
Ozono (O3)	Primário e secundário	8 horas	0,070 gg/m^3	Concentração anual máxima durante as 8 horas, calculada em média ao longo de 3 anos.
Partículas em suspensão (PM)	(PM2,5) Primário	1 ano	12,0 gg/m^3	Média anual calculada ao longo de 3 anos.
	(PM2,5) secundário	1 ano	15,0 gg/m^3	Média anual calculada ao longo de 3 anos.
	(PM2,5) primária e secundária	24 horas	35 gg/m^3	98th percentil, média de 3 anos.
	(PM10) primária e secundário	24 horas	150 gg/m^3	Não deve ser excedido mais de uma vez por ano, em média, durante 3 anos.
Dióxido de enxofre (SO2)	Primário	1 hora	75 ppb	99th percentil de 1 hora diária máxima concentração média mais de 3 anos.
	Secundário	3 horas	0,5 ppb	Não deve ser excedido mais do que uma vez por ano.

Fonte: EPA Departamento dos EUA

1.7.2 Normas relativas à poluição sonora

A EPA também estabeleceu as normas para a poluição sonora. Após algum tempo, estas normas são revistas e podem ser revistas. As listas de normas recentes são apresentadas abaixo. A unidade de medida do nível de pressão sonora é o decibel (dB).

Quadro n.º 1.5 Nível de pressão sonora para várias fontes

Fontes	Nível de pressão sonora em dB	Observações
O farfalhar das folhas	0	Limiar de audição
Estúdios de radiodifusão	20	
Quarto de dormir em casa e biblioteca	40	
Zona residencial sem tráfego	40	
Frigorífico	46-68	

Máquina de lavar roupa	48-78	
Unidade de ar condicionado de janela	60-73	
Aspirador	60-85	
Misturador de alimentos	62-88	
Automóvel	60-90	
Comboio	72-91	
Camião pesado	75-89	
Interior da sala de concertos durante atuação	80	
Festa com banda musical	84-93	
Motociclo	80-100	
Scooter sem silenciador	92	
5 metros de distância da buzina do automóvel	100	
Ruído de construção	110	
Prensa hidráulica	130	Limiar de dor
Descolagem do jato	150	
Motor de foguetão de grandes dimensões	160-180	

Fonte: EPA Departamento dos EUA

1.8 Resumo

Lahore tornou-se o principal centro industrial do país em 1947. Todos os bens de consumo são fabricados por fábricas como produtos de plástico, produtos de ferro e aço, produtos têxteis, peças de automóvel, fertilizantes e produtos farmacêuticos, etc. Estas fábricas estão situadas em diferentes locais da cidade e nos seus arredores. A rápida industrialização resultou na emissão de uma enorme quantidade de poluentes sob a forma de sólidos, líquidos e gases. Quase todas as fábricas libertam normalmente os poluentes para a atmosfera, com ou sem tratamento. Este capítulo apresenta uma breve introdução sobre a área de estudo e o tipo de poluentes que são libertados pelas fábricas de ferro e aço e que foram objeto de um trabalho de pesquisa. O principal objetivo da presente investigação era examinar a distribuição espacial dos poluentes emitidos pela indústria siderúrgica e os seus efeitos na saúde humana também foram discutidos em pormenor.

O capítulo seguinte analisa os diferentes estudos e investigações efectuados por outros académicos no mesmo domínio. Também explica brevemente as várias metodologias e medidas utilizadas por outros investigadores, bem como as suas conclusões e conclusões.

Capítulo 2

REVISÃO DA LITERATURA

2.1 Geral

Neste capítulo, é feita uma breve revisão da literatura relacionada com a natureza do estudo. Ao longo dos anos, foram efectuados vários estudos para investigar a emissão de poluentes e os seus efeitos na saúde humana no Paquistão e em todo o mundo, utilizando diversas técnicas.

2.2 Revisão da literatura

Nos últimos anos, a poluição tem vindo a aumentar em todos os países devido ao crescimento da população e à atividade humana com tecnologia moderna. Um risco para a saúde causado pela poluição ameaça a vida selvagem e torna esta planta insegura para futuras sobrevivências. Todas as contaminações físicas, químicas e biológicas que causam efeitos nocivos nos seres humanos são conhecidas como poluição ou poluição ambiental (kemp, 1998). Quaisquer substâncias adicionais na atmosfera, sob qualquer forma (sólida, líquida, gasosa), que causem danos ou incómodo ao ser humano ou a quaisquer organismos vivos são designadas por poluição (enciclopédia britânica). Os poluentes ambientais são a parte essencial de qualquer poluição. Estes poluentes são conhecidos como agentes executores da poluição ambiental. Na década de 1990, existiam cerca de 65 000 produtos químicos no mercado, que eram regularmente libertados no ar, na água e na terra (Santos 1990).

Existem muitos tipos de poluição ambiental, mas, de um modo geral, há três tipos principais de poluição. A poluição do solo, a poluição da água e a poluição do ar. Quando o ar contém diferentes gases, poeiras, fumos e odores em quantidades tais que causam efeitos nocivos na saúde humana ou em quaisquer organismos vivos (S.B.C, 2003). A poluição atmosférica é definida como qualquer adição de contaminantes em quantidades tais que sejam perigosas para a vida ou que possam interferir com o gozo da vida, o repouso e a segurança da saúde (Narayanan, 2007). Existem basicamente dois tipos de poluição atmosférica.

- Poluição atmosférica sólida, líquida e gasosa
- Poluição sonora

2.3 Fontes

Fonte de poluição atmosférica

- Trabalhos de construção
- Indústrias químicas
- Automóveis
- Centrais térmicas
- Produção e distribuição de combustíveis fósseis

- Refinarias de petróleo
- Central eléctrica
- Fábrica petroquímica
- Setor marítimo
- Combustão doméstica (Narayanan, 2007; ref. 15).

Fonte de poluição sonora

- Automóveis (tráfego rodoviário)
- Comboios
- Aeronaves
- Trabalhos de construção
- Rádio
- Microfones (Chiras, 8th Ed.)

A poluição atmosférica nas cidades divide-se geralmente em duas categorias, consoante o clima e o tipo de poluição atmosférica.

- Cidades de Gray-air
- Cidades de Brown-air

As cidades de ar cinzento estão localizadas em climas frios e húmidos. Os principais poluentes são o gás de soja e as partículas provenientes das fábricas. Estes poluentes combinados com a humidade da atmosfera formam uma névoa cinzenta chamada smog. As cidades de ar castanho estão normalmente localizadas em climas quentes, secos e soalheiros. As principais fontes de poluição nestas cidades são os automóveis e as centrais eléctricas (Chiras, 8th Ed.)

2.4 Poluentes atmosféricos e tipos

Os poluentes são substâncias adicionais ou os seus produtos que são libertados intencionalmente pelo homem no ambiente e que causam efeitos nocivos ou desagradáveis (Narayanam, 2007).

Existem basicamente dois tipos de poluentes.

- Poluentes primários
- Poluentes secundários (Chiras, 8ªEd.)

Os poluentes primários são os poluentes emitidos diretamente de uma fonte, como os óxidos de enxofre (SO_x), os óxidos de azoto (NO_x), o monóxido de carbono, as partículas, etc. (Charles, 3rd Ed.). Os poluentes secundários são as substâncias que não são emitidas diretamente da fonte, mas que se formam quando estes poluentes reagem com os poluentes primários na atmosfera, como o H_2SO_4, o ozono, etc. (Narayanam, 2007).

2.5 Poluentes libertados pela indústria do ferro e do aço

No desenvolvimento tecnológico humano, o aço é um material crucial que é amplamente utilizado nas nossas vidas. A instalação de sinterização foi a maior fonte de emissão de Cd e Pb do trabalho do ferro e do aço. No processo de fabrico do aço, a emissão total de Cd e Pb era de cerca de 98% e 96% (Oravisjarvi, 2003). Uma fábrica de sinterização foi o primeiro vestígio da produção de ferro e aço e a origem proeminente de Cd e Pb. O Pb é familiar do carbonato e o Cd está associado ao cloreto (Sammut, 2009).

O processamento do aço consiste em diferentes processos, como a sinterização, o alto-forno, a operação de fundição e outras operações. Estas operações emitem diferentes tipos de poluentes, como NO_2, FeO_2, SO_2, CaO, CO_2, SO, CO e MgO, etc. (Doushanov, 2010).

A produção de aço envolveu muitos processos que utilizam uma grande quantidade de energia, como a produção de coque, a sinterização e a negociação de minério de ferro. A produção de aço consumiu cerca de 29EJ de energia em 2009 a nível mundial, ou seja, 6% da energia universal consumida e liberta 2,5Gt-CO2 de GEE (WSA, 2011). Em 1999, os altos-fornos utilizaram quase 420 Mt de coque e carvão a nível mundial (IEA, 2000). Devido a este consumo de combustíveis fósseis, foram libertados no ar 1,1 Gt de dióxido de carbono (CO_2). Em 1996, foram emitidas globalmente 23,9 Mt de CO_2 (exceto a desflorestação e a alteração do uso do solo) (WRI, 2000). Zhang (2014) salienta na sua investigação que a China produziu 46% da produção global de aço. Consumiu 15,8 EJ de energia total e emitiu 5,3 Mt de SO_2, 1344 Mt de CO_{2eq} e 8,4 Mt de partículas a partir da siderurgia. O sector que mais energia consome no mundo é a zona do ferro e do aço, que é também a principal fonte de poluentes atmosféricos e de gases com efeito de estufa. As siderurgias chinesas foram o terceiro maior emissor de SO_2, NO2 e PM em 2006. Com uma quantidade de 10%, 15% e 10%, respetivamente (AAM, 2009).

A poluição do ar plagiou PM (material particulado) que é bem conhecido como elemento de ameaça à saúde humana (Beelen, 2013; Loomis, 2013). De acordo com a Agência Internacional de Investigação do Cancro (IARC), em 2013, um dos poluentes do ar exterior, o PM, é conhecido como cancerígeno para os seres humanos (Loomis, 2013). As posses socioeconómicas foram uma das razões para o aumento da concentração de NOx nas localidades urbanas. O gás NO (óxido nítrico) foi produzido a partir de centrais eléctricas industriais, indústrias de ferro e aço e motores de veículos a motor em processos de combustão a alta temperatura (Ahmad, 2010). A fonte de secreção de dióxido de enxofre eram os combustíveis dos veículos a motor e as indústrias à base de carvão, como a indústria do ferro e do aço (Ahmad, 2010). Jalaludin (2006) salientou no seu trabalho que o dióxido de enxofre aumentou como consequência das actividades humanas, especialmente da queima de combustíveis fósseis.

O total das emissões universais de CO_2 foi de cerca de 4,6% das emissões das instalações siderúrgicas. O CO_2 é a chave das emissões de gases com efeito de estufa (GEE). As elevadas concentrações de GEE na atmosfera constituem uma ameaça para as alterações climáticas. Uma central eléctrica a carvão de 500 MW ejectou 3,8 Mt de CO_2/ano. Um alto-forno de 3 Mt emite 4 Mt de CO_2/ano. O alto-forno emite diferentes gases, como a mistura de CO_2, CO (monóxido de carbono), N2 (azoto) e H2 (hidrogénio) (Gielen, 2003).

Carvão utilizado como combustível na produção de aço. A queima do carvão emitia compostos de enxofre. Estas chaminés espalhavam amplamente a poluição para longe da fonte de origem (Johns e Linn, 2011). Elevada concentração de CO_2 emitida durante a formação do aço e na fundição do chumbo, o SO2 era um gás residual (Clevenger, 1991).

A toxicidade depende sempre mais da natureza química dos poluentes inorgânicos do que da sua concentração (Adamson, 2000; Hayes, 1997). Kyoto (1997) apresentou alguns acordos para minimizar os gases com efeito de estufa emitidos pela indústria na sua investigação, por exemplo, o CO_2 emitido apenas pela queima de combustíveis fósseis aumentou de 14,3 Gt (1971) para 22,1 Gt (1995) no mundo.

A indústria do ferro e do aço é o principal sector transformador do mundo e também a maior zona consumidora de energia. Cerca de 4-5% do CO_2 antropogénico é emitido pelas fábricas de ferro. Os processos de fabrico do ferro e do aço baseavam-se geralmente no carvão, mas também se baseavam fortemente nos combustíveis fósseis, que libertavam grandes quantidades de CO_2 petrificado. Era grande a necessidade de encontrar e desenvolver técnicas energeticamente eficientes e de baixo carbono (Quader, 2015).

De acordo com a Agência Internacional da Energia (AIE) (2008), quase 40% das emissões mundiais de CO_2 estão associadas à indústria transformadora, sendo a maior parte (cerca de 27%) proveniente dos sectores siderúrgico e siderúrgico a nível mundial. De acordo com o Painel Intergovernamental sobre as Alterações Climáticas (IPCC) (2014), a indústria siderúrgica representa cerca de 4-5% do total mundial de CO_2.

As instalações de sinterização são a única fonte importante de emissão de PCDDF e dioxinas provenientes do trabalho do ferro e do aço no Reino Unido (Fisher, 1997, 1998). Li (2015) apresentou na sua investigação que as amostras de ar recolhidas em siderurgias tinham concentrações elevadas de dibenzofuranos policlorados (PCDF),dibenzo-p-dioxinas policloradas (PCDDs) e os compostos "dioxin-like" (dl) bifenilos policlorados (PCBs), dibenzo-p-dioxinas polibromadas (PBDDs), naftalenos policlorados (PCNs) e dibenzofuranos (PBDFs). As principais fontes de PCDD, PCDF e compostos do tipo das dioxinas foram encontradas principalmente na atmosfera da fábrica de ferro.

A montagem de aço foi a principal fonte destes compostos. As operações de sinterização e de fundição de minério de ferro, conhecidas como processos metalúrgicos térmicos, emitiam grandes volumes de gases residuais. Estes efluentes gasosos incluíam dioxinas na gama de 0,3 ± 30 ng I-TEQ/Nm. As dioxinas são geradas por duas reacções diferentes, reacções homogéneas em fase gasosa e reacções heterogéneas gás-sólido (Buekens, 2001). Na fábrica de sinterização foi gerada uma enorme quantidade de gases de escape. O cloro e as misturas explosivas à base de carbono eram óbvias na fábrica, produzindo gases que contêm dioxinas na gama de 3±10 ng I-TEQ/Nm3 (Lahl, 1993; jager, 1993).

Estes compostos eram homogéneos em termos de toxicidade, actividades geoquímicas e propriedades físico-químicas (OMS, 1998). Estes compostos são poluentes orgânicos persistentes (POP), que, durante os processos térmicos industriais, podem ser produzidos de forma não intencional (UP), pelo que são vulgarmente designados por UP-POP (Liu, 2009).

2.6 Métodos de medição de poluentes

De acordo com Doushanov (2010), foram utilizados alguns métodos para estudar a extensão dos poluentes, estes métodos foram ciclones de limpeza, precipitadores electrostáticos secos ou húmidos, purificadores de sacos, exaustores de fornos, produtos químicos, métodos catalíticos e biológicos. Para o desenvolvimento de uma tecnologia siderúrgica moderna e sustentável, algumas políticas e estratégias foram concebidas para reduzir as consequências ambientais na indústria siderúrgica.

De acordo com Mohamed (2013), foram utilizadas diferentes técnicas, como a reciclagem, o tratamento e a eliminação, a utilização de gás natural, recursos alternativos, chaminés de conceção especial e a utilização de eletricidade, que foi mais eficaz, reduzindo assim o pó de ferro. Zhang (2014) representou métodos de controlo dos gases com efeito de estufa e do modelo de interações e sinergias da poluição atmosférica (GAINS) utilizando curvas de oferta de conservação de energia (SCEC) que têm capacidades e custos de medidas de produtividade energética. Este cenário permitiu reduzir 27% de CO_{2eq}, 3% de PM e 22% de SO2 nas instalações siderúrgicas. Na indústria siderúrgica chinesa, o equipamento de fim-de-linha (EOP) é utilizado para retificar a produtividade energética, diminuir a produção de poluentes atmosféricos e de gases com efeito de estufa.

Quader (2015) salientou na sua investigação que a enorme produção de aço para satisfazer as necessidades dos seres humanos aumenta enormemente o consumo total de energia industrial, a emissão de CO_2 e de outros poluentes. Consequentemente, para dar conta das questões relacionadas com as alterações climáticas e o aquecimento global, era estrategicamente importante que a indústria siderúrgica reduzisse drasticamente as emissões de CO_2 e de outros poluentes. Os gases de combustão incluem uma quantidade enorme de gases tóxicos, por exemplo, resíduos de halogéneos e enxofre que são libertados do processo de combustão na indústria siderúrgica. Os compostos de halogéneo geram hidretos de halogéneo, como o HCl, e os compostos de enxofre são oxidados em grande escala em SO_2. Os gases ácidos provenientes dos gases de combustão podem ser facilmente separados por diferentes métodos. A Associação Mundial do Aço apresentou alguns dispositivos de controlo da poluição atmosférica, tais como sistemas de depuração, métodos de filtragem, oxidação térmica e tratamento por supressão química e de poeiras para diminuir as emissões.

Existem alguns métodos para a remoção do CO_2 das instalações siderúrgicas, tais como um tipo diferente de central eléctrica energeticamente eficiente, um ciclo combinado de gaseificador coesivo (CGCC), uma reação de deslocação e o Selexol (éter dimetílico de polietilenoglicol), que constituem uma oportunidade muito eficaz em termos orçamentais (David, 2000; IEA, 1996). Uma das desvantagens da remoção do CO_2 do alto-forno da siderurgia é o facto de melhorar a qualidade do combustível. O CO_2 tem um teor energético inferior ao do gás natural. Este gás tem uma maior eficiência na conversão em eletricidade através da utilização de turbinas a gás. O gás misturado com outros gases, como o coque e o gás de carvão, tem um teor mais elevado para produzir eletricidade numa central de ciclos combinados (IISI, 1998). Esta técnica é amplamente utilizada em instalações siderúrgicas através da captura de CO_2 para melhorar a qualidade do combustível para a produção de eletricidade (IISI, 2001).

Geilen (2003) aponta os métodos para remover o CO_2 de uma fábrica de ferro e aço. Os passos são os seguintes: Limpeza do gás. Pressurização do gás a 20 bar. Reação de transferência para transformar CO em CO_2. Utilização de Selexol para a captura de CO_2. Utilizar o gás hidrogénio suplementado para a produção de energia. Pressurizar o CO_2 a 100 bar e armazená-lo em jazidas de petróleo e gás esgotadas, em água salgada ou em águas profundas.

Lin (2015) discutiu na sua investigação que a indústria siderúrgica da China era o principal sector de consumo de energia e também o principal sector de criação de poluição, pelo que mede o desempenho do fator total de emissões de CO_2 (TFCP) e o potencial de atenuação das emissões de CO_2 (CMP) utilizando a técnica de análise de fronteira estocástica.

Lin e Lui (2010) apontaram na sua investigação a emissão de CO_2 com base no índice de intensidade de carbono (emissão de CO_2 sobre a produção interna bruta (PIB) ou emissão por unidade de produção industrial). O método do índice de divisão do peso médio logarítmico (LMDI) foi amplamente utilizado para analisar a intensidade de carbono (Ang e lee, 1994).

Roy (2014) salientou na sua investigação que as espécies metálicas dos aerossóis de TSP da indústria siderúrgica no ar foram analisadas utilizando um espetrofotómetro de absorção atómica, as espécies iónicas utilizando o método IS 3025 e as espécies carbonosas utilizando um analisador de carbono orgânico total. A análise de correlação de Spearman foi efectuada sobre os dados de composição dos TSP para caraterizar as suas espécies metálicas e aniónicas em relação às suas origens geológicas, utilizando o software IBM SPSS 20.

Li (2015) apresentou na sua investigação que estes compostos (PCDDs, PCDFs, PBDDs, PBDFs, dl-PCBs e PCNs) foram encontrados em áreas de fábricas de aço, determinados através da utilização de um método de diluição isotópica (cromatografia gasosa de alta resolução associada a espetrometria de massa de alta resolução) e utilizando o SPSS para análise estatística. Wang (2003) recolheu amostras de emissões da chaminé principal de uma siderurgia e examinou-as por cromatografia gasosa de alta resolução com espetrometria de massa de alta resolução (HRGC- HRMS) num sistema Micro mass Autospec Ultima equipado com colunas DB5MS ou SP-2331.

Sammut (2009) salientou na sua investigação que a principal fonte de Cd e Pb era a sinterização da indústria do ferro e do aço. Apresentou alguns métodos para medir o Cd e o Pb provenientes da indústria siderúrgica, como o processo de filtração, a difração de raios X (XRF), a espetroscopia de secreção atómica com plasma indutivamente acoplado (ICP-ASS) e, para a análise de metais pesados, utilizou a filtragem química (remoções sequenciais adaptadas às poeiras de aço).

Barman (2010) mediu os poluentes do ar em Deli, como SOx, COx, NOx, PM e alguns outros vestígios de metais, utilizando um amostrador de poeiras respiráveis (Modelo-415, Enviro. tech, Nova Deli). Para a análise estatística, aplicou o teste ANOVA e efectuou a correlação de Pearson para verificar a associação entre os poluentes. Todas as análises foram efectuadas com dados transformados em log10. Um valor p bicaudal (a=2) de probabilidade<0,05 foi considerado estatisticamente significativo. A versão 7th do STATISTICA foi utilizada para a análise.

De acordo com Loncscu (2006), no seu trabalho, foram necessárias grandes instalações industriais para verificar a conformidade das emissões de poluentes atmosféricos com a regulamentação ambiental. A maior parte das técnicas de medição disponíveis eram dispendiosas, algumas situações de medição, por exemplo, emissões de poluentes a alta temperatura e problemas de contacto, eram por vezes difíceis. Normalmente não são adoptadas as mesmas normas de emissão, razão pela qual a legislação ambiental não é a mesma em todo o mundo ou mesmo na Comunidade Europeia. Alguns países apoiam as normas de qualidade do ar com base apenas no objetivo de controlar a poluição e proteger a população de diferentes perigos, por exemplo, as normas de qualidade do ar nos Estados Unidos. Em França, as instalações industriais tinham de anunciar a sua libertação; de acordo com a lei e a declaração modernas, o proprietário da instalação tinha de pagar um imposto sobre a poluição atmosférica.

Dales (2013) apresentou na sua investigação que a indústria do ferro e do aço é a principal indústria na esfera, mas havia muito pouca informação sobre os efeitos respiratórios na qualidade do ar perto de fábricas de ferro. A indústria siderúrgica libertou substâncias nocivas como NOx, SO_2, O3 e $PM_{2.5}$ que alteram a função pulmonar do ser humano. Foi efectuada uma regressão linear de efeitos mistos para verificar a relação entre as medidas fisiológicas e o local de estudo. A análise secundária log-linear foi efectuada para avaliar a associação entre a concentração média diária de poluentes libertados pela fábrica de ferro e aço no local de estudo e a função pulmonar diária dos indivíduos. Barman (2010) salientou na sua investigação que os SPM, RSPM, NOx, SO2 e 7 metais vestigiais representavam um risco nocivo para a saúde humana em Deli. Foi efectuado um teste ANOVA unidirecional para comparar as áreas de localização. A correlação de Pearson foi efectuada para verificar a associação entre os poluentes e todas as análises foram realizadas com dados transformados em log10.

Fortoul (2005) examinou na sua investigação o facto de a população humana estar mais exposta a misturas químicas de poluentes no mundo industrial. Esta investigação apresentou os efeitos da inalação de Cd, Pb e da mistura de Cd e Pb nos pulmões. A alteração da função pulmonar foi identificada por dois tratamentos diferentes, SEM e TEM, respetivamente, microscopia eletrónica de varrimento e microscopia eletrónica de transmissão, subsequentemente, a cada 4 semanas de inalação. O teste U de Mann-Whitney foi utilizado para verificar a concentração de metais nos filtros e o teste ANOVA foi realizado para analisar a concentração de metais no pulmão. Liu (2014) salientou na sua investigação que a indústria do ferro e do aço era a principal fonte de emissão de poluentes atmosféricos e que eram poucos os estudos sobre os efeitos cardiovasculares causados pelos poluentes da indústria do ferro e do aço. Um método estatístico que Liu escolheu na sua investigação foi o modelo de regressão de efeito misto para examinar a diferença de medidas de saúde (frequência de pulso, pressão sanguínea) entre locais e ter em conta medidas repetidas.

A siderurgia produziu uma enorme quantidade de ruído na fábrica e na zona próxima. Singal (2005) salientou na sua investigação que o método mais simples para medir o ruído era o nível de pressão sonora linear (SPL) a qualquer momento, numa banda de frequência ampla que abrangia toda a gama de frequências audíveis. O ouvido humano é muito complexo para taxas de intensidade elevadas que vão de 0 a 180 db. O nível de pressão sonora do local de construção era de 110 dB. (kumar, 1999; katyal, 1989)

2.7 Efeitos dos poluentes na saúde e no ambiente

A indústria do ferro e do aço causa muitos efeitos nocivos no ambiente (ar, água e solo), bem como na saúde humana. De acordo com Mohamed (2013), os vários riscos causados pelos poluentes industriais em geral, mas os poluentes das fábricas de ferro e aço, em especial, causaram vários riscos ao serem colocados nos resíduos de vários gases, sólidos e líquidos. O ruído foi o efeito adicional da indústria. Os diferentes poluentes emitidos pelas siderurgias tiveram uma influência direta na segurança, no ambiente, na saúde humana e também tiveram um impacto direto na ocorrência mundial do fenómeno das alterações climáticas, do aquecimento global, do aumento da proporção de gelo oceânico derretido e do aumento das doenças crónicas.

As instalações siderúrgicas geram poluição sonora na área circundante, pelo que este ruído tem efeitos auditivos que podem ser permanentes ou temporários e alguns efeitos não auditivos, como o aumento do ritmo cardíaco, tensão, ansiedade, fadiga e desequilíbrio emocional (Hay, 1982). O governo holandês (1987) efectuou algumas medições para reduzir a perda de audição. Um nível de ruído superior a 80 dBA é considerado perigoso, pelo que a entidade patronal deve fornecer protectores auditivos. Se o nível de ruído for superior a 90 dBA, devem ser utilizados protectores auditivos. A exposição ao ruído pode provocar muitos sintomas, como alterações do ritmo cardíaco e da pressão arterial, náuseas, dores de cabeça, insónias e perda de fome. A exposição prolongada ao ruído pode provocar a constrição dos vasos sanguíneos nos seres humanos, o que leva à insuficiência cardíaca (Lehman, 1956).

Basel (1989) referiu na sua investigação que o ruído é a principal forma de poluição. Pode afetar a comunicação, aumentar o stress e provocar raiva, perturbar o sono, falta de concentração e também reduzir a eficiência. A exposição prolongada ao ruído pode causar surdez ou perda temporária da audição. O ruído produzido na siderurgia afecta gravemente os órgãos humanos dos empregadores e a atividade humana das pessoas que vivem na área circundante. Um ruído superior a 140 db pode causar danos permanentes no ouvido. Um ruído de cerca de 90 a 110 db pode provocar uma perda temporária da audição nos trabalhadores e nos residentes (Evans, 1997).

A zona urbana foi muito afetada pela emissão contínua de SO_x, NO_x, PM (RSPM) e outros vestígios de metais provenientes das indústrias e dos veículos. Estes poluentes têm efeitos prejudiciais na saúde humana e no ambiente. Estes poluentes causam perturbações neurológicas, aumento do risco de parto prematuro, doenças cardiovasculares e respiratórias e até morbilidade e mortalidade (Barman, 2010). As indústrias e os veículos são responsáveis por níveis elevados de poluentes atmosféricos como PM, NO_x, SO_2, CO, outros orgânicos, inorgânicos e vestígios de metais que afectam negativamente a saúde humana e o ambiente (Caselles, 2002; Kaushik, 2006; Maitre, 2006; Curtis, 2006; Sharma, 2006; Jayaraman, 2007).

As partículas em suspensão na atmosfera são constituídas por um cocktail complexo de diferentes elementos e compostos. Quando estas partículas atmosféricas estão presentes em concentrações elevadas, podem causar efeitos pouco auspiciosos na saúde humana (Hoek, 2002). O aumento da mortalidade por doenças respiratórias e cardiovasculares tem sido epidemiologicamente associado à exposição prolongada a este tipo de poluição (Abbey, 1999). Os efeitos dos poluentes dependiam da sua natureza química e física. Uma partícula mais pequena era mais perigosa do que uma maior (Narayanan, 2007). Todas as partículas respiráveis são susceptíveis de provocar doenças respiratórias e cardiovasculares (Sagai, 1996). Curtis (2006) referiu na sua investigação que havia uma forte relação entre concentrações mais elevadas de SO2 e NO2 e vários efeitos humanos.

Durante o processo de combustão do ferro e do aço, os elementos podem ser emitidos sob a forma gasosa, adsorvidos em partículas finas ou retidos em cinzas mais pesadas (Helble, 1996). Devido ao rápido aumento da atividade industrial, o problema das partículas em suspensão no ar (PM) aumentou consideravelmente. Estas partículas emitidas foram consideradas perigosas para a saúde (Kyotani, 2002). A composição da matéria particulada (PM) (que inclui metais pesados e metalóides) e o seu pequeno tamanho têm um efeito direto na saúde através da respiração, uma vez que se intrometem facilmente nos mecanismos bioquímicos (Fernandez, 2004). Narayana (2007) escreveu no seu livro que a gama de partículas de 10-2 µm causa problemas de saúde pulmonar. As partículas penetram profundamente nos pulmões e destroem o sistema respiratório inferior. As poeiras de carvão também causam problemas pulmonares, conhecidos como doenças dos pulmões negros, sendo este o tipo de pneumoconiose.

A siderurgia local no vale do Utah emitiu PM10 e causou pneumonia, pleurisia, bronquite e asma mais do que as crianças do que os adultos, observando os internamentos hospitalares. O internamento de crianças era três vezes superior quando a siderurgia estava aberta (Pope III, 1989). Uma concentração elevada de PM10 reduziu a função pulmonar e aumentou o risco de bronquite e outras doenças respiratórias (Dassen, 1986; Dockery, 1982; Ware, 1986). Dois poluentes que tiveram impactos semelhantes nas doenças respiratórias foram as partículas em suspensão e o ozono, pelo que as PM10 foram as partículas mais pequenas que representaram maior risco para a saúde (US EPA, 1987).

Segundo Liu (2014), a siderurgia é a maior fonte de poluição atmosférica e também a principal causa de doenças cardiovasculares. Sessenta e um objectivos saudáveis não fumadores passaram 8 horas na área da siderurgia e, em resultado, a sua taxa de adição foi mais elevada devido a (CO, NOx, SO2, PM) na área da siderurgia do que no local da faculdade. A qualidade do ar pode influenciar a fisiologia cardiovascular em zonas residenciais próximas de fábricas de aço. A poluição atmosférica tem uma grande variedade de efeitos na saúde respiratória e cardiovascular (Andersen, 2012; Bhaskar, 2011). Foi encontrada extensa literatura sobre a morbilidade devida a problemas respiratórios e cardíacos, mas menos informação sobre os efeitos para a saúde provenientes de instalações fixas de indústrias, em particular de indústrias siderúrgicas (Adar e Kaufman, 2007; Holguin ,2008 ; Dales, 2013). A indústria siderúrgica foi a principal fonte de PM. As emissões de PM da indústria siderúrgica aumentaram as infecções pulmonares e as doenças respiratórias e a tosse em crianças do vale do Utah e também diminuíram a função pulmonar (Pope, 1986; Pope e Dockery, 1992). As PM aumentaram a frequência cardíaca e diminuíram a pressão sanguínea em doentes diabéticos (Ebelt, 2005; Liu 2007). Embora muitos destes elementos sejam essenciais para manter um metabolismo saudável no corpo humano, em concentrações mais elevadas conduzem a envenenamento (Huggins, 2004). Uma concentração mais elevada de partículas, em particular de RSPM, foi muito crítica para a saúde das pessoas e causou algumas doenças cardiovasculares e respiratórias graves, como a asma, o desenvolvimento reprodutivo, a bronquite, o aumento do risco de bebés prematuros e até mesmo a taxa de mortalidade e de mortalidade (barman, 2010).

Os efeitos a curto prazo da matéria particulada e do NOx foram doenças cardíacas, cerebrovasculares e respiratórias. O NOx foi responsável por uma taxa elevada de morte cardiovascular e as doenças respiratórias foram mais elevadas devido às PM. Os efeitos das PM10 nas doenças respiratórias aumentaram com a idade (Carugno, 2016). As PM também são responsáveis por consequências respiratórias, como a hipertensão pulmonar tromboembólica crónica e a hipertensão arterial pulmonar (Quarck, 2009). O PM também produziu stress oxidativo e marcas de incentivo na pessoa revelada (Yang, 2015).

Taxas mais elevadas de SO_2, NO2 e CO eram pequenas e facilmente transmissíveis, aumentando a frequência do pulso, enquanto as PM estavam associadas a um aumento da pressão do pulso (Dart e Kingwell, 2001), o que aumentava o fator de risco de doenças cardiovasculares (Sesso, 2000). O monóxido de carbono (CO) é um poderoso gás asfixiante, que interfere com a função normal da hemoglobina. A inalação excessiva de CO e CO_2 provoca dores no peito, sonolência, dores de cabeça, náuseas, estupor, coma, desorientação e, em casos extremos, causa a morte (Narayanan, 2007).

Alguns metais pesados mereceram muita atenção por serem tóxicos em baixas concentrações (por exemplo, Hg, Cd, As, Cr, Ni e Pb) (Amodio, 2013). O cloreto de Cd e o carbonato de Pb libertados pela indústria do ferro e do aço tinham produtos de baixa solubilidade em comparação com outras formas de óxidos ou sulfuretos e tinham um impacto ambiental diferente no ecossistema humano (Sammut, 2009). O cádmio e os seus compostos não são biologicamente necessários, mas são altamente tóxicos e causam lesões renais, cancro renal, supressão do sistema imunitário e doença itai-itai. O chumbo é um dos metais que entra na atmosfera de diferentes formas. Todos os compostos solúveis de chumbo são venenosos e a sua toxicidade aumenta à medida que a sua solubilidade aumenta. A inalação de chumbo sob a forma de fumos e poeiras é mais prejudicial para as crianças. É responsável por deficiências, convulsões e, em casos extremos, causa a morte (Narayanan, 2007).

Fortoul (2005) referiu na sua investigação que a população humana que vivia em zonas industriais estava continuamente exposta a diferentes poluentes químicos, como o chumbo (Pb), o cádmio (Cd) e a mistura Pb-Cd PM, NO_x, SO_2 etc. A inalação regular destes poluentes afecta o pulmão e altera involuntariamente o epitélio bronquiolar. O Cd e o Pb são altamente tóxicos e entram nos pulmões através de partículas respiráveis (diâmetro $\leq$ 2,5 m) (Fortoul, 1996). As consequências da inalação de Pb afectam os rins, os pulmões, o sistema nervoso central e a hematopoiese, bem como a sua genotoxicidade no ser humano (Valverde, 2000; Hengstler, 2003). A população exposta, especialmente as crianças foi gravemente afetada a nível neurológico e hematológico pelo elevado nível de Pb. Estes dois poluentes, Cd e Ni, têm potencial para causar cancro nos seres humanos, pelo que a inalação de Cd e Ni foi designada como indutora de efeitos carcinogénicos nos seres humanos (Benoff, 2000). O cádmio provocou algumas perturbações físicas ou mentais como a neurotoxicidade, a nefrotoxicidade e a carcinogenicidade, o cancro do pulmão (Watjen, 2000).

Todos os compostos de crómio (Cr) são tóxicos. O Hexavalente (Cr (VI)) é 10^2 a 10^3 vezes mais tóxico do que os compostos de Cr (III). O desequilíbrio da inalação de cobre produz distúrbios como cirrose hepática, estômago, distúrbios intestinais, formação óssea prejudicada, anemia e algumas outras disfunções. A toxicidade do zinco aumenta com o seu número atómico. A poluição por zinco provoca diarreia, dermatite e cicatrização de feridas. As principais fontes de poluição por mercúrio são antropogénicas - minas e indústrias.

Os sintomas dos poluentes de Hg dependem do tipo de compostos de Hg. O Hg afecta os rins e provoca lesões no sistema nervoso central, vómitos, cólicas intestinais, tremores, paralisia, lesões cerebrais e outras perturbações neurológicas (Narayanan, 2007). O Cr (VI) também provoca efeitos tóxicos e carcinogénicos nos brônquios humanos (Hu, 2002; Manalis, 2005).

No início da década de 1950, no Japão, o veneno de Hg era conhecido como Minamata. Os sintomas eram perda de visão, fraqueza muscular, paralisia e, nalguns casos, coma e morte. O arsénico é encontrado na fundição de minérios de chumbo, ferro, níquel, cobre e cobalto. A inalação e a ingestão de água potável com quantidades elevadas de arsénio provocam cancro do revestimento pulmonar, danos nos rins, destruição dos glóbulos vermelhos, mesotelioma, cancro dos rins, da bexiga, do fígado e de outros órgãos (Narayanan, 2007: kupchella, 3rd Ed.).

As fábricas de ferro e aço libertam vários poluentes no ar, como NO_2, SO_2, CO_2, amoníaco, compostos orgânicos voláteis não-metânicos e partículas que produzem ozono ao nível do solo, o que prejudica o ecossistema através da eutrofização e acidificação, bem como problemas respiratórios no ser humano (Kuramochi, 2012). Narayanan (2007) escreveu no seu livro que a exposição ao SOx pode causar irritação nos olhos e na garganta. O SOx actua como gás irritante no trato respiratório, danifica o revestimento mucoso do trato respiratório e provoca bronquite crónica. De acordo com Shangguan (2013), as emissões diretas de CO_2 da indústria siderúrgica chinesa representam 15% do total de emissões na China, o que tem efeitos graves no ambiente e na saúde humana. A inalação excessiva de dióxido de enxofre provoca asma (Johns e Linn, 2011).

Weinmayr (2010) referiu que os óxidos de azoto eram mais elevados na zona das siderurgias do que noutras zonas. Estes óxidos de azoto causavam graves problemas pulmonares nos seres humanos. Numa análise dos seus estudos, 3,1% dos sintomas de asma aumentaram com a inalação de NOx. A exposição a longo prazo ao NOx reduziu ligeiramente a pressão sistólica diastólica (SOrensen, 2012). O NOx produz irritação ocular, edema pulmonar (tecidos pulmonares) e pneumonia respiratória, danifica as células, envelhecimento prematuro, etc. (kupchella, 3rd Ed.)

Li (2015) apresentou na sua investigação que diferentes tipos de poluentes orgânicos persistentes produzidos de forma não intencional (UP-POPs) induziram uma carga de poluição e acidentes de saúde na atmosfera das zonas de fábricas de aço.

2.8 Resumo

Este capítulo centrou-se nos trabalhos anteriores dos investigadores que estudaram no domínio da geografia industrial e nos seus aspectos. A revisão da literatura começa com a definição de poluição, os seus tipos e outros termos relacionados. Este capítulo aborda o rápido crescimento da indústria do ferro e do aço e os poluentes que esta indústria emite para a atmosfera. Esta indústria está a produzir muitos poluentes tóxicos que são prejudiciais para a saúde humana e para o ambiente. Devido a instalações de tratamento inadequadas, os poluentes são libertados abertamente para a atmosfera e espalham-se pelas áreas adjacentes. Muitos investigadores estudaram os poluentes individuais emitidos pela indústria do ferro e do aço e os seus efeitos na saúde humana. A maior parte dos investigadores adoptou métodos de estudo de casos e métodos de inquérito no terreno, realizando testes variados para analisar os poluentes emitidos pelos gases de chaminé e utilizando técnicas de questionários para verificar os efeitos destes poluentes na saúde humana como instrumento fundamental para estudar os poluentes da indústria siderúrgica e os seus efeitos ou causas. Para a análise estatística, muitos investigadores utilizam a ANOVA, o teste U, a correlação de Spear ou a correlação de Pearson e o qui-quadrado para verificar as caraterísticas dos poluentes e os seus efeitos. A maioria utiliza o SIG, mas outros programas de cartografia são também ferramentas valiosas para a investigação moderna. No capítulo seguinte, serão abordadas as fontes de dados que foram utilizadas para investigar o problema em estudo. Além disso, as técnicas e a metodologia utilizadas nesta investigação também foram discutidas em pormenor.

Capítulo 3

FONTES DE DADOS E METODOLOGIA

3.1 Introdução

A fonte de dados é um dos aspectos mais significativos e essenciais dos estudos de investigação académica. De forma semelhante, a metodologia de investigação desempenha um papel importante num domínio de investigação, resolvendo o problema de investigação e a seleção de ferramentas e métodos de recolha de dados, mas também fornece a orientação necessária para a escolha dos métodos, técnicas e materiais adequados na análise de dados, etc. (Rohilla, 2006).

Este capítulo aborda em pormenor as fontes de dados utilizadas no presente estudo. Além disso, a metodologia selecionada para esta investigação, as técnicas de recolha de dados, as técnicas de inquérito no terreno, a avaliação dos dados, as técnicas utilizadas para o mapeamento e a apresentação posterior também foram explicadas em pormenor na secção seguinte.

3.2 Fontes de dados e recolha.

As fontes de dados são o passo fundamental para a realização de uma investigação descritiva e geográfica. Estas fontes fornecem uma orientação adequada para a investigação. No entanto, a seleção de fontes de dados adequadas é um problema geral para os principiantes. Depende fundamentalmente dos objectivos do estudo e do tipo de dados que ajudarão a cumprir os objectivos da investigação. As fontes de dados primários são úteis para recolher informações sobre o problema atual do estudo e também são úteis para a investigação futura. Do mesmo modo, os dados secundários desempenham um papel vital no domínio da geografia industrial.

Tendo em conta os objectivos do estudo, são utilizadas fontes de dados primárias e secundárias para recolher informações, factos e números relevantes sobre os poluentes libertados pela indústria do ferro e do aço e os seus efeitos na saúde humana. A Figura 3.1 apresenta uma descrição pormenorizada das fontes de dados utilizadas na investigação atual e é explicada com mais pormenor na subsecção.

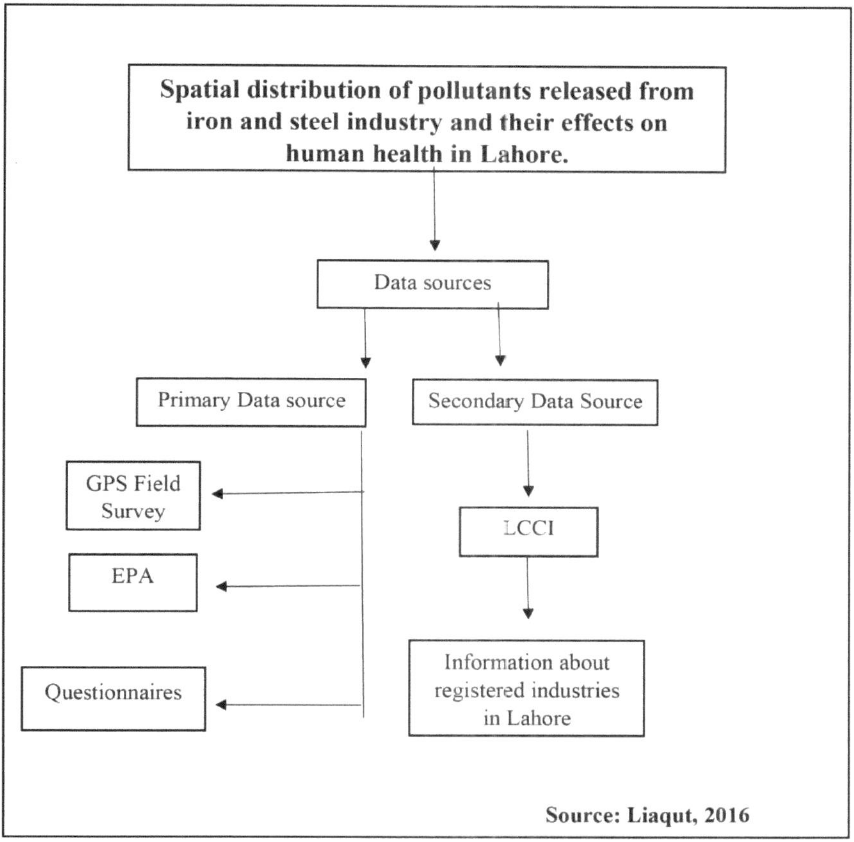

Figura 3.1 Fontes de dados do estudo

3.2.1. Fontes de dados primários

Os dados primários foram recolhidos das seguintes fontes para a presente investigação.

- Levantamento de campo com GPS
- Questionários
- Departamento EPA (Agência de Proteção do Ambiente)

3.2.1.1 Levantamento de campo com GPS

Os dados primários foram recolhidos através de um inquérito no terreno no distrito de Lahore. Foram selecionadas 36 indústrias com a ajuda de uma amostragem aleatória por grupos. Foi utilizado um aparelho de navegação GPS como ferramenta para a recolha de dados primários. As coordenadas das 36 indústrias foram obtidas com a ajuda deste aparelho. A apresentação dos dados primários foi finalmente efectuada através de mapas utilizando o software ArcGIS 10.1.

3.2.1.2 Questionários

Foi elaborado um questionário bem estruturado com 21 perguntas para análise estatística das respostas sobre o tema da investigação. (Ver Apêndice C). No total, foram preenchidos 150 questionários durante o dia, de 18 a 27 de abril de 2016. Nos questionários, o principal objetivo era obter informações sobre os poluentes industriais e os seus efeitos na saúde humana na área de estudo.

3.2.1.3 Departamento EPA

O departamento EPA foi criado em 1997. A contribuição do departamento da EPA foi muito maior nesta investigação. As amostras de emissões de gases de chaminé foram recolhidas por investigadores da EPA e depois testadas no laboratório do departamento da EPA com a ajuda de investigadores da EPA. Os processos de ensaio das emissões de gases de chaminé são analisados em pormenor na secção seguinte.

3.2.2. Dados secundários

Os dados secundários foram recolhidos nas seguintes organizações.

- LCCI (Câmara de Comércio e Indústria de Lahore)

3.2.2.1 Câmara de Comércio e Indústria de Lahore (LCCI)

A Câmara de Comércio e Indústria de Lahore foi criada em 1923. Foi criada por industriais e homens de negócios para servir e representar o envolvimento e o bem-estar da comunidade empresarial de Lahore. A fim de recolher dados sobre as indústrias da área de estudo. A LLCI foi consultada relativamente a dois aspectos.

1. Endereços das indústrias registadas na área de estudo.
2. Contribuição da indústria do ferro e do aço para o PIB do Paquistão e de Lahore.

Esta informação foi muito útil para a posterior seleção aleatória das indústrias para o inquérito no terreno

3.3 . Metodologia de investigação

A metodologia de investigação é uma forma sistemática de explicar o problema de investigação selecionado através da aplicação de métodos e técnicas fiáveis, de modo a que os objectivos da investigação possam ser alcançados de forma satisfatória. Na presente investigação, foram utilizadas abordagens qualitativas e quantitativas. A Figura 3.2 representa a metodologia geral do estudo. Os pormenores adicionais são discutidos na subsecção deste capítulo.

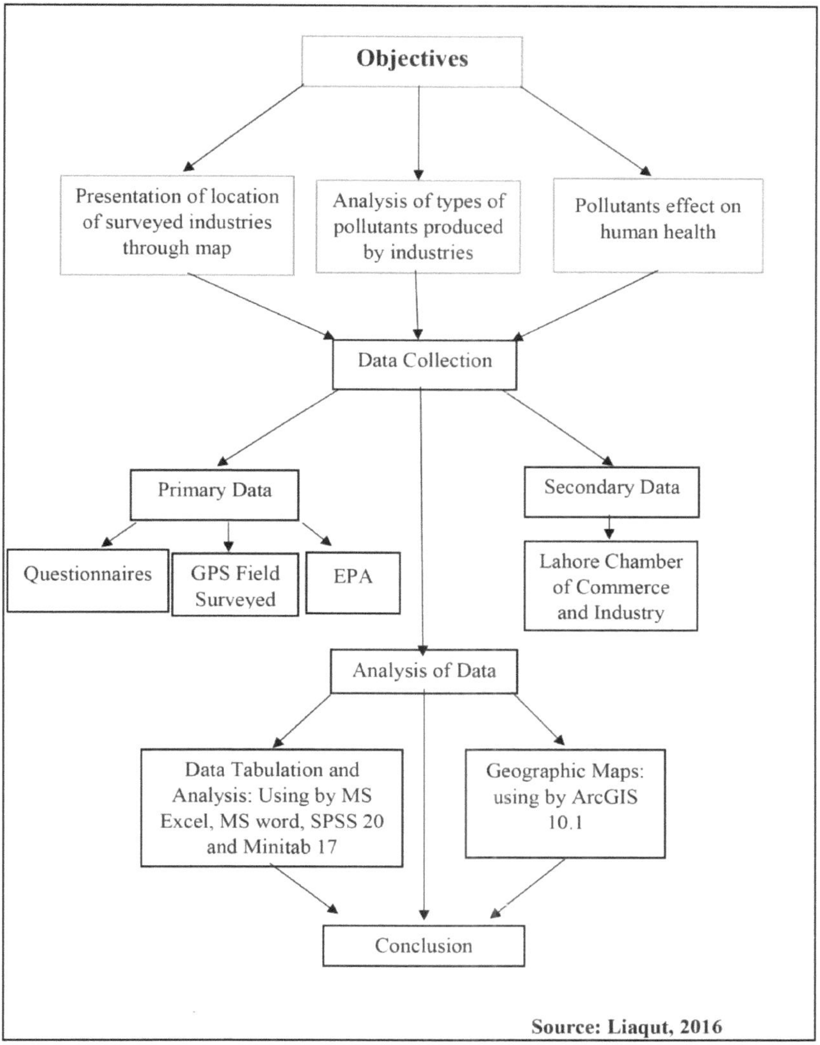

Figura: 3.2 Metodologia Geral do Estudo

3.4 Material e métodos

3.4.1 Seleção da área de estudo

A seleção da área de estudo foi a primeira tarefa a realizar em qualquer investigação. O estudo foi realizado em duas cidades de Lahore, Shalamar e Wagah, situadas no nordeste de Lahore. A área total destas cidades é de 186,69 m^2 e a população total é de 1282 mil pessoas (Punjab development statistic 2014-2015). Estas cidades são famosas pela sua indústria pesada e são a maior zona industrial siderúrgica de Lahore. Quase todas as fábricas de relaminagem de ferro e aço estavam localizadas nestas cidades. Os locais de amostragem situavam-se entre 74^0 23'24" e 74^0 34'23" de longitude E e 31°35'24" e 3Г36'17 "de latitude N. O clima do local de amostragem era um clima temperado continental de monção. A temperatura média foi de 32°C em junho e 14°C no mês mais frio de janeiro e a precipitação anual foi de 70mm. A principal fonte de poluição foi a indústria do ferro e do aço, os veículos e a atividade humana.

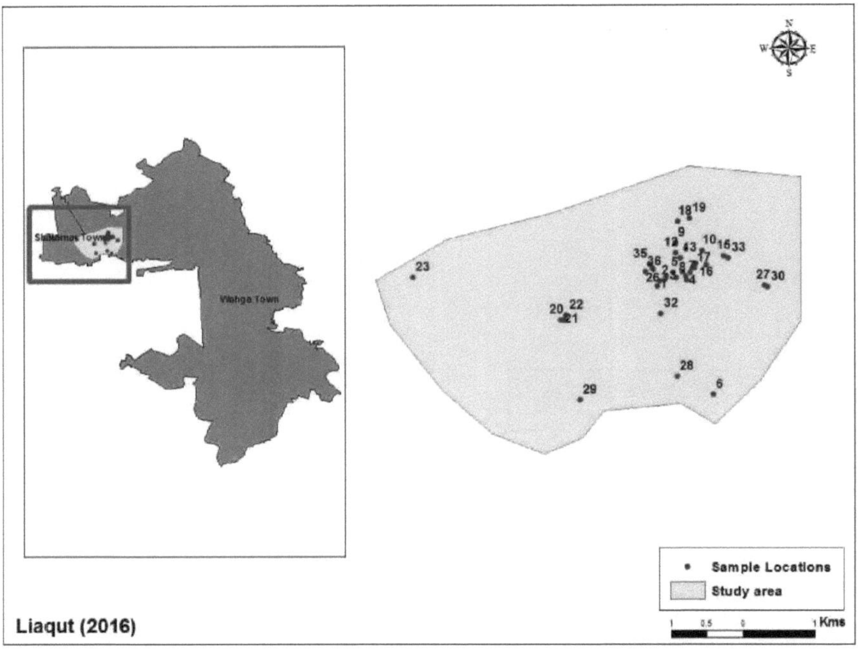

Figura 3.3 Localizações das amostras

Estes 36 sectores, com os seus nomes e localizações, constam do anexo A.

3.4.2 Preparação do papel de filtro

Antes da recolha de amostras, foram preparados papéis de filtro padrão com a ajuda de cientistas da EPA nos laboratórios da EPA. A temperatura do forno elétrico era de 1500°C. Pegámos em 36 papéis de filtro arredondados e colocámo-los num prato de porcelana. Este prato de porcelana foi colocado no forno elétrico a 600°C durante 1,5 horas. Depois desligámos o forno elétrico e esperámos que a sua temperatura descesse para 0°C. Em seguida, colocámos estes papéis de filtro arredondados num exsicador elétrico durante 24 horas. Passado um dia, pesamos os papéis de filtro, um a um, cuidadosamente com uma balança analítica e anotamos a leitura.

3.4.3 Recolha de amostras de gases de chaminé

As amostras foram recolhidas em 36 fábricas de aço emblemáticas. Cada fábrica tinha duas oficinas diferentes, a oficina de transformação do aço e a oficina de sinterização. As amostras de ar foram recolhidas a favor do vento da chaminé que emite os gases resultantes do processo de sinterização do minério de ferro em cada uma das 36 instalações. Estas amostras foram identificadas pelos nomes das indústrias TM, MS, MH, AS e FS, etc. Cada amostra de ar foi recolhida com um volume de ar elevado, utilizando o analisador de gás único Kane-May SGA9. As partículas foram recolhidas em papel de filtro limpo, preparado no laboratório. Cada amostra de ar foi recolhida em cerca de 4 a 5 horas com um caudal de 0,075 m^3 $mint^{-1}$.

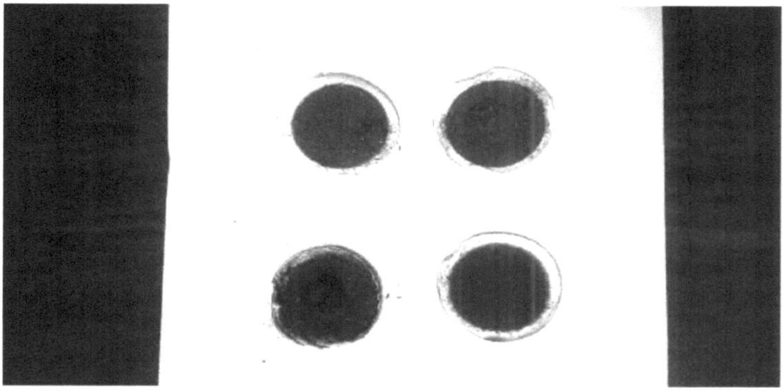

Figura 3.4 Exemplos de papéis de filtro

3.4.4 Análise

3.4.4.1 Procedimento de laboratório

Depois de recolher as amostras dos locais selecionados. As medições recolhidas para NOx, CO e SO_2 foram efectuadas em partes por milhão (ppm) e levadas para o laboratório. As amostras de papel de filtro PM (mg) foram transportadas para o laboratório, armazenadas no exsicador elétrico durante 24 horas à temperatura ambiente e novamente pesadas até serem analisadas. Todos os valores foram convertidos em miligramas por newton metro cúbico (mg/ Nm^3) de acordo com o seguinte produtor.

Para a medição do nível de PM, Peso do papel de filtro

Fi = 0,1155 gm

Ff= 0,2743 gm

Fnet= Ff-Fi =0,1588 gm

Hora da recolha de amostras de PM através de papel de filtrc do forno

Tempo = 5 mint

Fluxo de ar quente

Caudal = 15 a 16 litros/minuto

Volume de ar = 15*5 ÷ 1000 = 0,075 m^2

Concentração de poluentes nas indústrias do ferro e do aço

Concentração de PM (poeiras) (mg) = x * 1000 ÷ 0,075 = x mg/ Nm^3

Concentração de CO (ppm) = x * 1000 ÷ 0,075 = x mg/ Nm^3

Concentração de NOx (ppm) = x * 1000 ÷ 0,075 = x mg/ Nm^3

Concentração de SO_2 (ppm) = x * 1000 ÷ 0,075 = x mg/ Nm^3

Fi representa o peso inicial do papel de filtro antes da amostragem.

Ff para o peso final do papel de filtro após a amostragem.

Fnet peso líquido do papel de filtro.

Para medição de ruído

O ruído é medido através de um sonómetro. Trata-se de um instrumento que pode medir uma gama de ruído de 35 a 130 dB. Os dados relativos ao ruído foram recolhidos utilizando o sonómetro dB, modelo SL-5826, em todas as indústrias da área de estudo.

3.4.4.2 Análise GIS

A análise geoestatística do software GIS 10.1 foi utilizada para obter a distribuição espacial dos poluentes atmosféricos emitidos pela indústria siderúrgica. O peso da distância inversa foi utilizado para estimar a distribuição plana dos poluentes. Foi utilizado um buffer no mapa de ruído industrial. A região de alto valor e a região de baixo valor foram destacadas através da análise de hotspots e da classificação de métodos de simbolização de cores. A Figura 3.3 mostra as técnicas de mapeamento utilizadas no presente estudo.

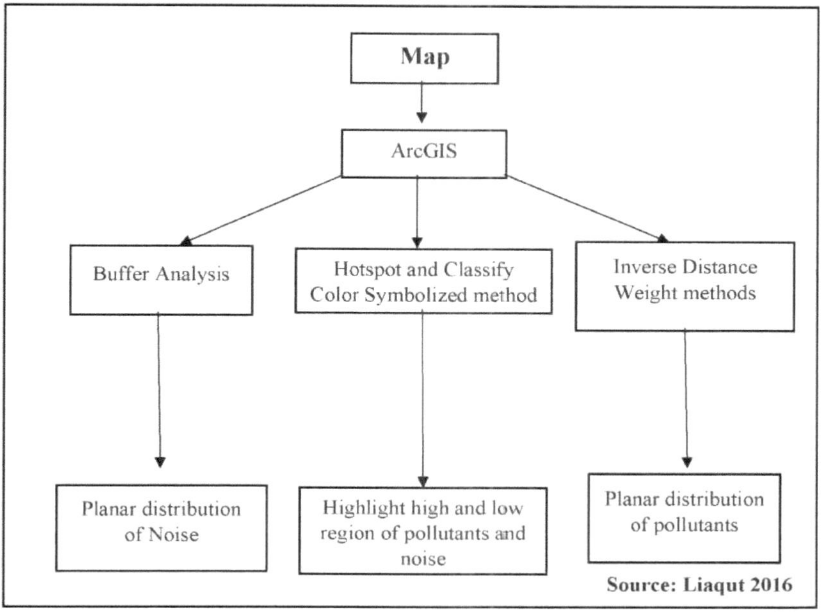

Figura 3.5 Metodologia para o mapeamento

3.4.4.3 Análise SPSS

A análise dos dados foi efectuada com recurso ao software SPSS (Statistical Packages Social Sciences) 20 e foi analisada através do mesmo. A análise hierárquica de clusters foi utilizada para mostrar os padrões entre os poluentes atmosféricos libertados pela indústria e o padrão de ruído produzido pela indústria siderúrgica. O teste do qui-quadrado Phi Cramer's V foi utilizado para descobrir a associação entre as variáveis independentes (poluentes e ruído) e as variáveis dependentes (doenças).

3.4.4.3.1 Teste de hipóteses

Testar hipóteses é uma frase importante da análise estatística. Trata-se de um produtor que nos permite aceitar ou rejeitar os pressupostos ou a afirmação. Esta afirmação ou suposição, que pode ou não ser verdadeira, é designada por hipótese estatística. Aceitamos a hipótese quando esta é apoiada por dados de amostra e rejeitamos a hipótese quando os dados de amostra não a apoiam.

3.4.4.3.2 Produtor geral do teste do qui-quadrado

Formulação da hipótese:

H_0 Não existe associação entre as variáveis.

H_1 Existe uma associação entre as variáveis.

Nível de significância:

$a = 0.05$

Teste estatístico:

$$x^2 = \frac{\varepsilon(fo - fe)2}{fe}$$

Região crítica:

Se o valor de p<a, rejeitar o H_0. Caso contrário, aceitar o H_i.

Cálculos:

Tirar conclusões sobre as variáveis com base na informação obtida a partir dos dados da amostra.

3.4.4.4 . Análise do mini separador

O Minitab versão 17 foi utilizado para desenhar o gráfico de efeitos principais para mostrar a concentração de poluentes e os níveis de ruído das indústrias na área de estudo.

3.5 . Apresentação

A apresentação dos dados foi efectuada através de tabelas, gráficos e mapas, utilizando o MS Excel, o MS Word GIS, o SPSS e o Minitab.

3.6 Resumo

Este capítulo esclarece a fonte de dados utilizada e a metodologia adoptada para a presente investigação. Os dados primários e secundários foram selecionados de acordo com os objectivos do estudo. Os dados primários foram recolhidos com a ajuda de um inquérito de campo com GPS, questionários e EPA. Os dados secundários também desempenham um papel importante em qualquer investigação, pelo que os dados sobre a indústria foram recolhidos da LCCI. Para cumprir os objectivos da presente investigação, foram recolhidos dados de 36 indústrias siderúrgicas de duas cidades selecionadas (Shalamar e Wagah). Foi elaborado um questionário com as informações necessárias sobre a sensibilização para os poluentes e os seus efeitos na saúde humana na zona de estudo. Para a tabulação dos dados, foram utilizados o MS Excel e o Word 2013 e, para a análise estatística, o SPSS 20, o Minitab 17 e o ArcGIS 10.1. Foram adoptados diferentes tipos de técnicas de mapeamento de acordo com os objectivos do estudo.

No capítulo seguinte, são discutidos em pormenor os resultados e conclusões dos dados recolhidos e a sua análise detalhada através de mapas e quadros estatísticos.

Capítulo 4

ANÁLISE DOS DADOS E DISCUSSÃO DOS RESULTADOS

4.1 Introdução

Este capítulo trata dos resultados dos dados recolhidos e da sua descrição. Este capítulo descreve e apresenta os resultados que respondem a cada uma das questões de investigação sobre os poluentes libertados pela indústria do ferro e do aço e os seus efeitos na saúde humana, explicados com técnicas estatísticas. A cartografia geográfica também é utilizada para mostrar a quantidade de poluentes e os seus efeitos na saúde humana. Os resultados da investigação atual são discutidos na secção seguinte.

4.2 Concentração de NO_x e efeitos na saúde humana

Basicamente, os veículos a motor são a principal fonte do poluente secundário NOx nas zonas urbanas. A origem do NO_x é a indústria do ferro e do aço e os veículos (Barman, 2010). O ferro e o aço e o tráfego são a primeira fonte e também responsáveis pelo aumento do nível de NOx no ar (Ceselles, 2002; Kaushik, 2006).

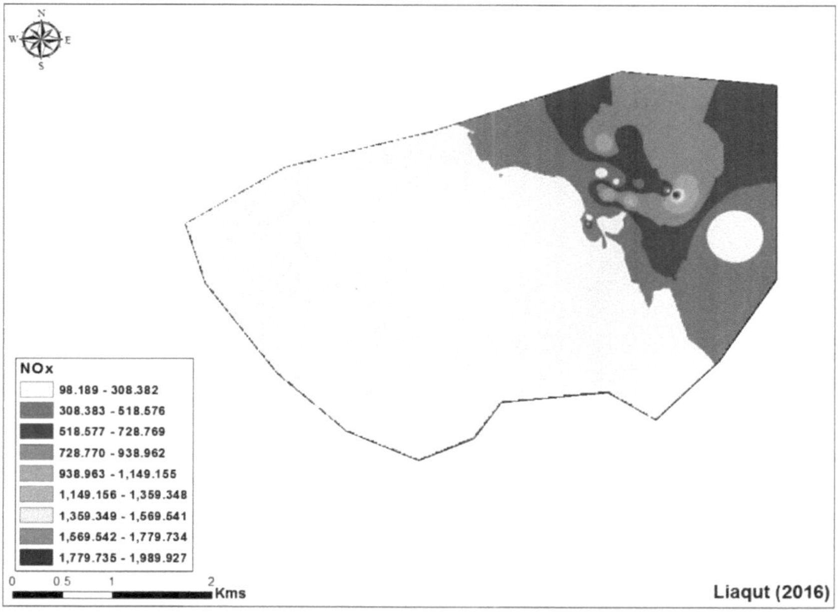

Figura 4.1 Padrões de NO_x (mg/ Nm) na área de estudo

Na figura 4.1, a cor azeitona clara mostra a menor concentração de NOx. Estas indústrias estavam localizadas na cidade de Shalamar, na paragem de akhri mint e em dhobi ghat. As indústrias siderúrgica Faridia, siderúrgica Ammar, siderúrgica de relaminagem Lucky, siderúrgica Arif, siderúrgica TM libertaram quantidades inferiores de 99 a 310 mg/Nm de NOx^3 em vez da cidade de wagah. A cor castanha mostra a concentração mais elevada de NOx mg/Nm^3 na área de estudo. Apenas uma indústria, a siderurgia de relaminagem Ghulzar, situada em Shadi pura, emitiu a concentração mais elevada de NOx (2014 mg/Nm^3). As cores rosa choque, azul e azul claro mostram a quantidade moderada de NOx na área de estudo. Estas indústrias estavam localizadas em Darogha wala, Shadi pura, Moman pura, Basimor e na estrada circular de Darogha wala. O óxido nítrico (NO) não afecta a saúde humana porque o NO é facilmente oxidado em NOx, mas a exposição a níveis elevados de dióxido de azoto emitido pela indústria do ferro e do aço e existente no smog urbano pode danificar o trato respiratório humano, causar asma, irritação ocular, aumentar a vulnerabilidade de uma pessoa a infecções respiratórias e problemas pulmonares crónicos graves (Dart e Kingwell, 2001; Kupchella 3rd Ed.). A exposição ao NOx a longo prazo provoca a diminuição da pressão diastólica e sistólica (Sorensen, 2012). As doenças relacionadas com o NO_x foram observadas na área de estudo. A Figura 4.2 também mostra o padrão de NO_x no local de estudo em diferentes métodos SIG.

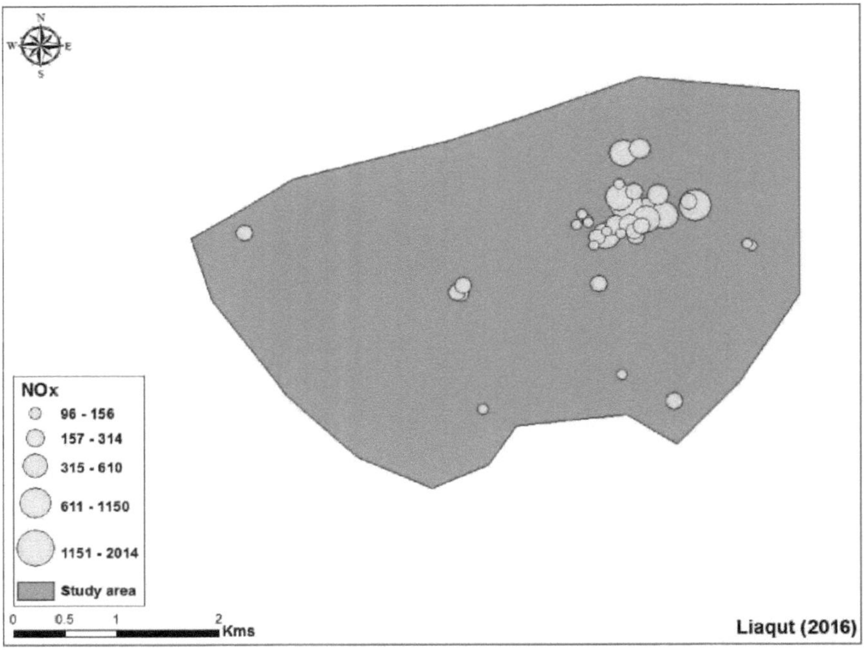

Figura 4.2 Padrões deNO_x (mg/Nm^3) na área de estudo

4.1. Doenças causadas pelo NO_x

Não	Doenças	Sim	Não	Phi Cramer's V Valor	Significativo
1	Problema respiratório	97	53	0.492	0.014
2	Problema de estômago	89	61	0.465	0.039

3	Frequência de pulso elevada	84	66	0.462	0.044
4	Infeção do nariz	115	35	0.528	0.003

Fonte: Dados primários calculados por tabulação cruzada

Na tabela acima mencionada, o ponto número um aponta para o valor de p que é 0,014 e o valor *a*- é 0,05. O valor de p é inferior a alfa, pelo que podemos aceitar a hipótese alternativa H1 e rejeitar a hipótese nula H_0. Por outras palavras, podemos dizer que a libertação de NOx da indústria siderúrgica provoca problemas respiratórios nas pessoas que vivem perto da indústria. Esta afirmação é feita através da aplicação do teste do qui-quadrado. A fase seguinte consiste em verificar o grau de relação entre estas duas variáveis. O valor de Phi Cramer's V é 0,492, o que mostra que existe uma forte associação entre a libertação de NOx da indústria siderúrgica e o problema respiratório.

O ponto dois da tabela acima mencionada demonstra que o valor de p é 0,039, inferior ao valor α, que é 0,05, pelo que H_1 foi aceite e H_0 foi rejeitado. Podemos afirmar que o NOx industrial provoca problemas de estômago nas pessoas. Verifique agora a gradação da ligação entre duas variáveis. O valor de Phi Cramer's V é 0,465, o que nos indica que existe uma pequena associação entre o NOx emitido e o problema de estômago.

O ponto número três na tabulação cruzada significa que o valor p é 0,044, que é inferior ao valor α. É possível rejeitar a hipótese H_0 e aceitar a hipótese alternativa. A libertação de NOx da indústria do ferro e do aço provoca uma frequência cardíaca elevada ou uma tensão arterial elevada nas pessoas. Esta hipótese é declarada pelo teste do qui-quadrado. Para verificar o grau de associação entre as variáveis, o valor V de Phi Cramer é de 0,462, o que indica que existe uma associação fraca entre o NOx emitido e a pulsação elevada.

No último ponto do quadro, o valor p é de 0,003 e o valor α é de 0,05, o que aceita a hipótese alternativa. Podemos afirmar que as emissões de NOx da indústria siderúrgica provocam infecções nasais e obstrução nasal nas pessoas que vivem perto da indústria siderúrgica. Em seguida, verificar o grau de relação entre as variáveis. O valor de Phi Cramer's V é 0,528, o que mostra a forte associação entre o NOx libertado pela indústria siderúrgica e a infeção nasal.

4.3 Concentração de SO2 e efeitos na saúde humana

O dióxido de enxofre (SO_2) é um gás incolor com um odor irritante e espinhoso. A fonte básica de SO2 são os processos de combustão, queimando combustíveis fósseis que contêm enxofre, como o carvão e o petróleo. Diferentes processos, como altos-fornos, instalações de sinterização e outros processos, emitem diferentes poluentes SO_2, CO, NOx (Doushanov, 2010). De acordo com a Alliance for American Manufacturing (2009), as instalações siderúrgicas da China foram o terceiro maior emissor de SO2 em 2006.

Cerca de 5,3 milhões de toneladas de SO2 são emitidas pelas fábricas de ferro e aço a nível mundial (Zhang, 2014). O SO2 é um gás de escape durante a fundição de ferro (Clevenger, 1991).

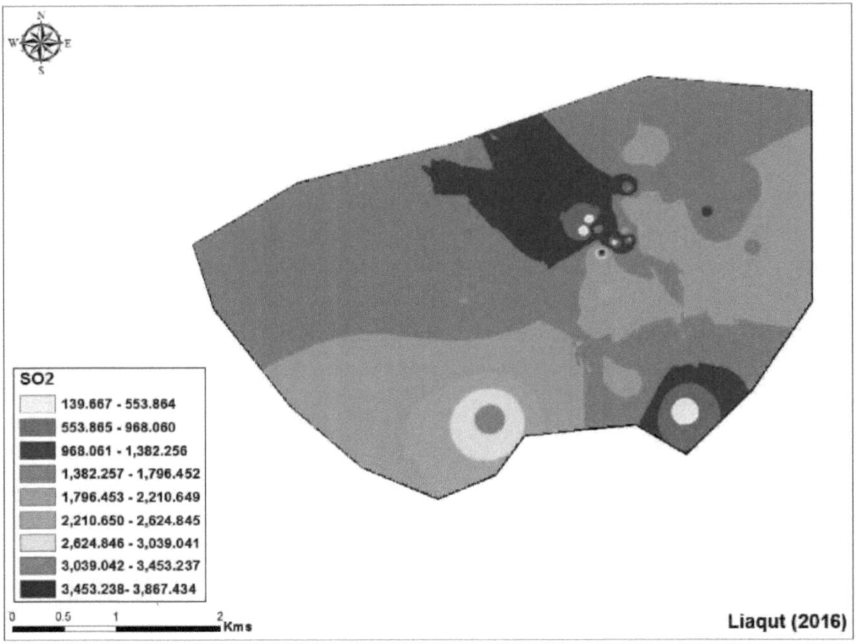

Figura 4.3 Padrões de SO2 (mg/Nm^3) na área de estudo

Na figura 4.3, a cor castanha mostra a maior emissão de SO2 (mg/Nm^3) no local de estudo. Esta zona localiza-se na estrada circular e as cores verde, laranja e amarela mostram as emissões mais elevadas de SO2 (mg/Nm^3) S.J steel mill e TM steel rerolling mill, estas indústrias localizam-se na cidade de Shalamar. Apenas uma indústria localizada em Darogha wala emitiu uma quantidade inferior de SO2, cerca de 404 (mg/Nm^3). A emissão de SO2 tem dois efeitos secundários diferentes no ambiente. O nível superior de SO2 contribui para a deposição ácida diluída conhecida como chuva ácida e o nível inferior de SO2 afecta a saúde humana causando irritação ocular, asma, garganta inflamada, irritação respiratória e algumas outras doenças como a bronquite crónica. O SO2 e os seus aerossóis também danificam a outra parte do ecossistema e da vegetação (Narayanan, 2007). Foi observada uma elevada taxa de doenças relacionadas com o SO2 nos locais onde se registou uma grande quantidade de emissões de SO_2 provenientes da indústria do ferro e do aço. A Figura 4.4 mostra também o padrão de SO_2 (mg/Nm^3) na área de estudo através de diferentes métodos SIG.

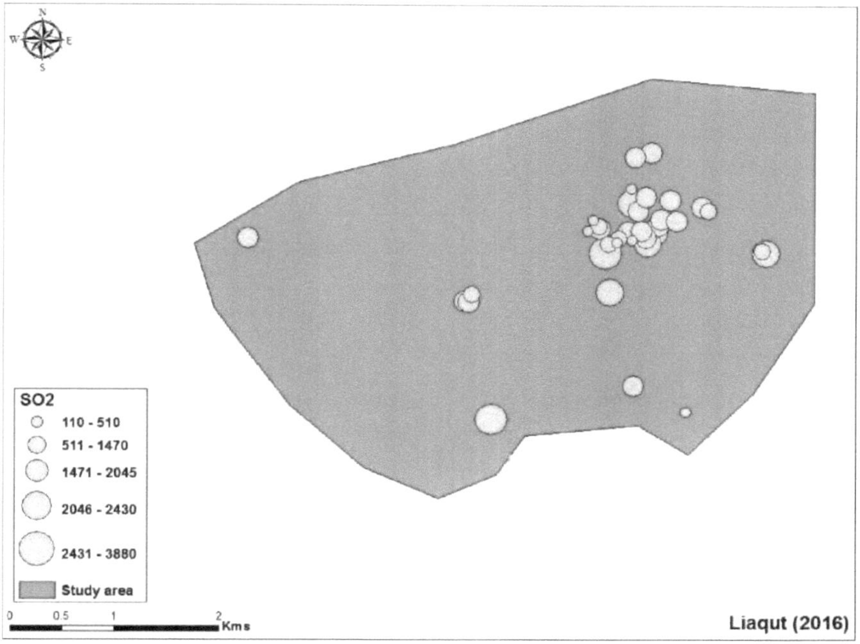

Figura 4.4 Padrões de SO_2 (mg/Nm^3) na área de estudo

4.2. Doenças causadas pelo SO_2

Não	Doenças	Sim	Não	Phi Cramer's V Valor	Significativo
1	Problema de estômago	89	61	0.557	0.004
2	Infeção do nariz	115	35	0.520	0.018
3	Alergias	135	15	0.526	0.014
4	Frequência de pulso elevada	84	66	0.561	0.003
5	Asma	120	30	0.548	0.006
6	Garganta inflamada	135	15	0.452	0.048
7	Respiratório Problema	97	53	0.536	0.010

Fonte: Dados primários calculados por tabulação cruzada

Na tabela acima mencionada, o ponto um assinala um valor ɔ de 0,004 e um valor a de 0,05, uma vez que o valor p é inferior ao valor a, pelo que podemos aceitar a hipótese alternativa H_1. Por outras palavras, podemos afirmar que a libertação de SO2 da indústria siderúrgica causa problemas de estômago nas pessoas que vivem perto da fábrica de ferro e aço. O teste do qui-quadrado é utilizado para provar a hipótese. Depois de aceitar a hipótese H1, o passo seguinte consiste em determinar o grau de relação entre estas duas variáveis. O valor V de Phi Cramer é de 0,557, o que mostra a forte associação entre o SO2 libertado pela indústria siderúrgica e os problemas de estômago.

O segundo ponto da tabela acima mencionada indica que o valor p é 0,018, que é inferior ao valor de α0,05. Por conseguinte, aceitar a hipótese alternativa. Por outras palavras, o SO_2 industrial causa infeção nasal e obstrução nasal nos residentes da área de estudo. O valor de Phi Cramer's V é 0,520, o que nos indica que existe uma forte associação entre o SO2 e a infeção nasal.

O terceiro ponto do quadro acima mostra que o valor p é 0,014, ou seja, inferior ao valor a 0,05, o que rejeita a hipótese H0 e aceita a hipótese H1. Por outras palavras, podemos dizer que o SO2 proveniente da indústria siderúrgica provoca diferentes tipos de alergias, como alergias cutâneas, irritação ocular, espirros, etc., nas pessoas que vivem perto das siderurgias. O valor de Phi Cramer é de 0,526, o que mostra o grau de associação entre as variáveis. Existe uma forte associação entre o SO2 e as alergias.

O quarto ponto na tabulação cruzada significa o valor de p que é 0,003. O valor alfa 0,05 é superior ao valor p, pelo que podemos rejeitar a hipótese nula. O SO2 das fábricas de ferro e aço provoca uma frequência de pulso elevada nas pessoas que vivem perto das fábricas. O valor V de Phi Cramer, que é 0,561, mostra o grau de associação entre as variáveis. Portanto, existe uma forte associação entre o SO2 e a frequência cardíaca elevada.

O ponto número 5 da tabela acima mencionada mostra o valor p 0,006, que é inferior ao valor *a*- 0,05. A hipótese alternativa é aceite em vez da hipótese nula. Podemos dizer que as pessoas que vivem perto da indústria do ferro e do aço sofrem de asma devido ao SO2 proveniente das siderurgias. O valor de Phi Cramer's é 0,548, o que indica uma forte associação entre a asma e o SO2

O sexto ponto da tabela acima mencionada marca o valor p que é 0,048 e o valor a é 0,05, porque o valor de p é inferior ao valor de *a*, pelo que podemos aceitar a hipótese alternativa. Podemos elaborar isto como se o SO2 industrial causasse mau hálito nos residentes da área de estudo. O valor de Phi Cramer's V, que é 0,452, mostra o grau de associação entre as variáveis, pelo que existe muito pouca associação entre o SO2 e o mau hálito.

O último ponto da tabulação cruzada indica que o valor p é 0,010 e o valor α é 0,05, o que é inferior ao valor alfa. A hipótese alternativa é aceite. As pessoas da área de estudo sofrem gravemente de problemas respiratórios devido ao SO_2 industrial. O valor V de Phi Cramer é de 0,536, o que mostra a forte associação entre o problema respiratório e o SO2.

4.4 Concentração de CO e efeitos na saúde humana

O CO é um gás inodoro e incolor produzido pela combustão parcial de combustíveis fósseis como o carvão e o petróleo. Os processos de sinterização e de fabrico de aço são processos baseados no carvão e emitem grandes quantidades de CO_2 e CO (Quader, 2015). De acordo com Gielen (2003), o alto-forno liberta uma mistura de diferentes gases nocivos, mas alguns deles a uma taxa mais elevada, como o CO_2 e o CO, o N2 e o H_2. De acordo com o departamento do governo local (QLD, 2008), durante a formação do aço, é emitida uma elevada concentração de CO (Clevenger, 1991). O CO é facilmente absorvido pelos pulmões dos seres humanos e dos animais, onde reage com a hemoglobina e reduz a capacidade de transporte do sangue oxigenado. Provoca uma deficiência de oxigénio nos tecidos e nos órgãos do corpo. Isto causa graves problemas ao ser humano, como doenças respiratórias, doenças cardiovasculares, dores no peito, dores de cabeça, sonolência, doenças cardiovasculares e respiratórias fisiológicas, como sensação de asfixia, falta de ar, etc. As figuras 4.5 e 4.6 mostram a concentração de CO no local de estudo.

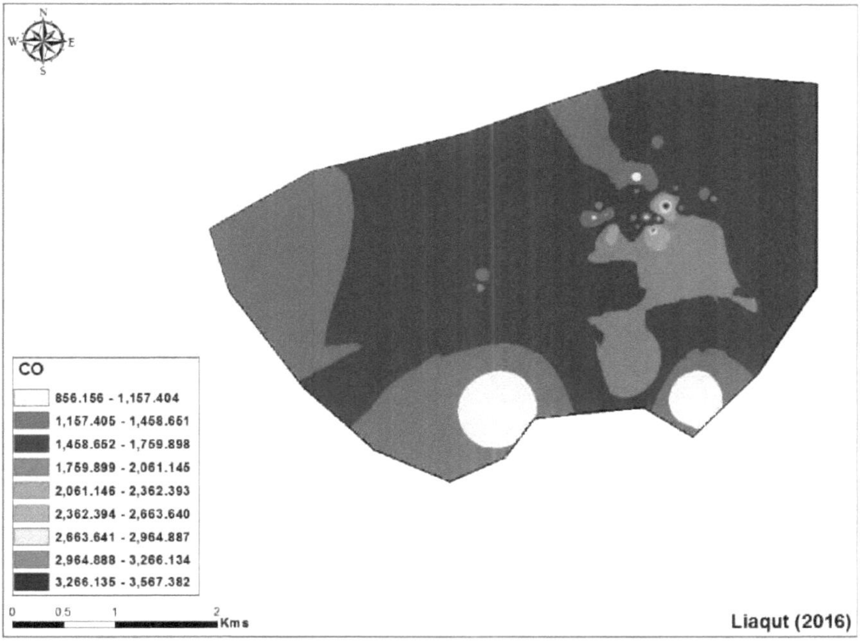

Figura 4.5 Padrões de CO (mg/Nm^3) na área de estudo

A Figura 4.5 mostra a maior e a menor taxa de CO (mg/Nm^3) na área de estudo. As indústrias

A siderurgia de moldagem Asif, a siderurgia de relaminação Sultan, a siderurgia de relaminação Mian Imran, a siderurgia Subhan Foundry, a siderurgia Arif e a siderurgia TM, localizadas em Darogha wala chock e na cidade de Shalamar, emitiram menos concentrações de CO como se pode ver na figura, com a cor verde azeitona clara e as cores laranja e amarelo marrom a mostrarem a elevada emissão de CO na área de estudo. As indústrias Shahid Imtaiz, Malik Shahid Yousaf steel mill e Shahid steel mill estavam localizadas na estrada Bhani. A cor rosa choque na figura mostra a quantidade moderada de CO, que se encontra numa área menor da cidade de wagah e numa área maior da cidade de shalamar. A concentração de CO na lixívia provoca várias doenças se for inalada continuamente, pelo que foram observadas doenças relacionadas com o CO, como dores no peito, dores de cabeça e falta de ar, em toda a área de estudo.

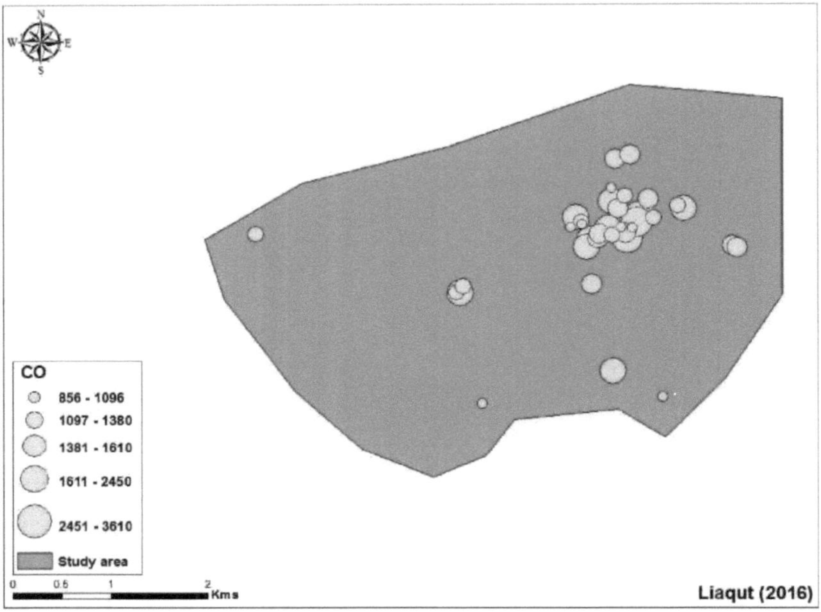

Figura 4.6 Padrões de CO (mg/Nm^3) na área de estudo

4.3. Doenças causadas pelo CO

Não	Doenças	Sim	Não	Phi Cramer's V Valor	Significativo
1	Respiratório	97	53	0.537	0.018
2	Problema de	89	61	0.569	0.005
3	Frequência de pulso	84	66	0.573	0.004
4	Infeção do nariz	115	15	0.535	0.019
5	Alergias	135	15	0.532	0.022
6	Dor de cabeça	132	12	0.533	0.012
7	Respiração curta	93	57	0.511	0.047
8	Sentir-se bloqueado	76	74	0.465	0.039

Fonte: Dados primários calculados por tabulação cruzada

Na tabela acima mencionada, o ponto número um mostra o valor de p que é 0,018. O valor de p é inferior ao valor de alfa, pelo que a hipótese alternativa H1 é aceite em vez da hipótese nula H0. Por outro lado, a concentração de CO devido à indústria do ferro e do aço é elevada e causa problemas respiratórios nas pessoas que vivem perto da área de estudo. Para verificar o grau de ligação entre estas duas variáveis. O valor de Phi Cramer's é de 0,537, o que indica uma forte associação entre o problema respiratório e o CO libertado pela siderurgia na área de estudo.

O segundo ponto da tabulação cruzada assinala o valor p, que é 0,005, e o valor α é 0,05, que é novamente inferior ao valor α, pelo que podemos aceitar novamente a hipótese alternativa de que o CO industrial causa problemas de estômago entre os residentes das siderurgias. O valor V de Phi Cramer mostra o grau de relação entre as variáveis. O seu valor é 0,569, o que nos indica uma forte associação entre o CO e o problema de estômago.

O ponto número três do quadro indica o valor p 0,004, que é inferior ao valor α de 0,05, pelo que a hipótese alternativa é aceite. Podemos descrever este ponto como se as pessoas da fábrica de ferro e aço sofressem de uma frequência de pulso elevada ou de tensão arterial elevada devido à concentração elevada de CO. O valor de Phi Cramer é 0,573, o que mostra a forte associação entre a frequência de pulso elevada e o CO da siderurgia.

O quarto ponto da tabela indica que o valor de p 0,019 é inferior ao valor de α 0,05. H_1 é aceite em vez de H_0. Podemos descrever como CO que a libertação da indústria causa infeção nasal e obstrução nasal entre as pessoas da área de estudo. O valor de Phi Cramer de 0,535 indica-nos a forte associação entre a infeção nasal e o CO industrial.

O quinto ponto do quadro supracitado indica o valor p de 0,022, que é inferior ao valor α de 0,05. O valor inferior de p indica que a aceitação da hipótese alternativa significa que diferentes tipos de alergias, como alergias cutâneas, alergias oculares, tosse e espirros, também são provocadas pelo CO das siderurgias. O valor V de Phi Cramer é de 0,532, o que mostra a forte associação entre todos os tipos de alergias e o CO.

O sexto ponto da tabela mostra o valor p que é 0,021 e o valor α é 0,05. O valor p é inferior ao valor alfa, pelo que podemos aceitar a hipótese alternativa. Por outro lado, as pessoas que vivem perto de fábricas de ferro e aço sofrem de fortes dores de cabeça devido ao CO. Depois de aceitar a hipótese alternativa, segue-se o passo seguinte para determinar o grau de associação. O valor de Phi Cramer's V é 0,533, o que mostra a forte associação entre as variáveis.

O segundo último ponto da tabela representa o valor p 0,047 e o valor α é 0,05 porque o valor de p é inferior ao valor de alfa, pelo que a hipótese alternativa é aceite, o que significa que o CO da siderurgia provoca respiração curta, que é uma doença fisiológica entre as pessoas da indústria siderúrgica. O valor V de Phi Cramer de 0,511 indica a pouca associação entre as variáveis.

O último ponto da tabulação cruzada indica que o valor p é 0,039 e o valor α é 0,05. O valor p é inferior ao valor α, pelo que H_1 é aceite e H_0 rejeitado. Podemos descrever este ponto como os residentes de uma fábrica de ferro e aço que sofrem de uma doença fisiológica, que é o sentimento de choque. O valor de Phi Cramer's V 0,465 indica-nos que existe uma associação fraca entre estas duas variáveis.

4.5 Concentração de PM e efeitos na saúde humana

As principais fontes de emissão de PM são as indústrias, especialmente a indústria do ferro e do aço. A sua maior ou menor concentração provoca efeitos graves e prejudiciais para a saúde humana. A poluição atmosférica desenvolveu-se a partir de partículas que constituem um fator de risco para a saúde humana (Beelen, 2013). Em 2013, a agência internacional de investigação sobre o cancro (IARC) classificou a poluição do ar exterior e as partículas da poluição do ar exterior como causadoras de cancro nos seres humanos (Loomis, 2013). As PM causam doenças respiratórias, incluindo problemas pulmonares, problemas nos pulmões e problemas de bronquite, doenças cardiovasculares, asma, hipertensão, pressão de pulso, etc. nos seres humanos. As figuras 4.7 e 4.8 mostram a concentração na área de estudo com diferentes técnicas de SIG.

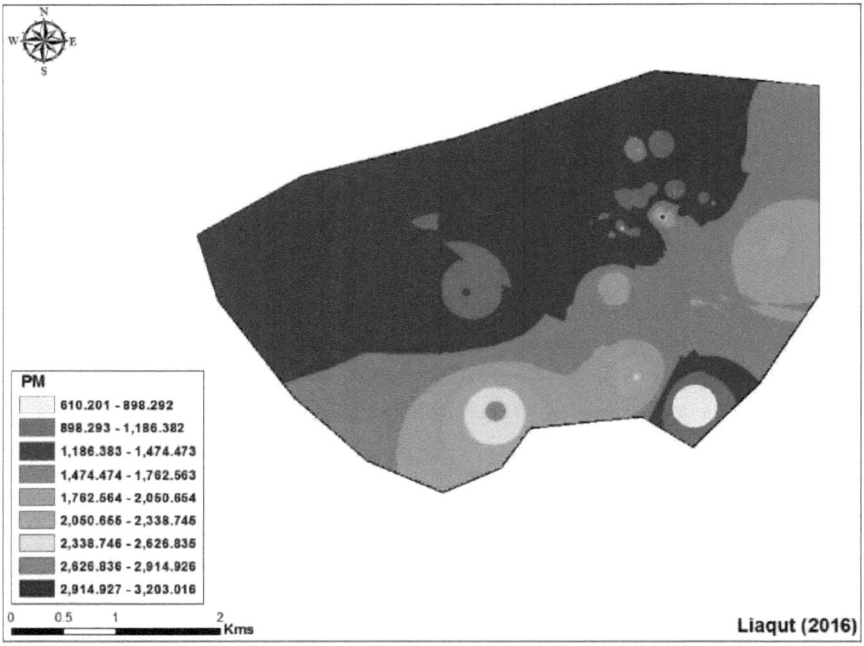

Figura 4.7 Padrões de PM (mg/Nm^3) na área de estudo

A figura 4.7 representa a quantidade inferior e superior de PM (mg/Nm^3). As indústrias na cidade de Shalamar e na cidade de Wagah, tais como a siderurgia Ashfaq, a siderurgia Haji Ilyas, a siderurgia Shahid Imtaiz, a siderurgia de relaminagem Malik Shahid, a siderurgia Chand Brothers, a siderurgia de fundição Subhan, a siderurgia Imtaiz, a siderurgia Fiaz, a siderurgia Faridia, a siderurgia Ammar, a siderurgia Lucky, a siderurgia Tariq e a siderurgia Rana Safdar emitiram, respetivamente, 1187 a 1763 (mg/Nm^3) de PM, que são apresentadas na figura a cor-de-rosa. Apenas uma fábrica de ferro e aço (Asif Molding steel rerolling mill) em Darogha wala chock libertou uma quantidade inferior de 610 (mg/Nm^3) de PM na atmosfera, que se apresenta com uma cor verde-azeitona clara e apenas uma indústria encontrada na estrada de Bhani, designada por Shahid steel mill, emitiu a maior quantidade de PM no ar, que se apresenta com uma cor castanha na figura acima. Doenças como a frequência cardíaca elevada, a hipertensão e a infeção pulmonar foram frequentemente observadas na área adjacente ao local de estudo, uma vez que as quantidades mais baixas e mais elevadas de PM afectam a saúde humana.

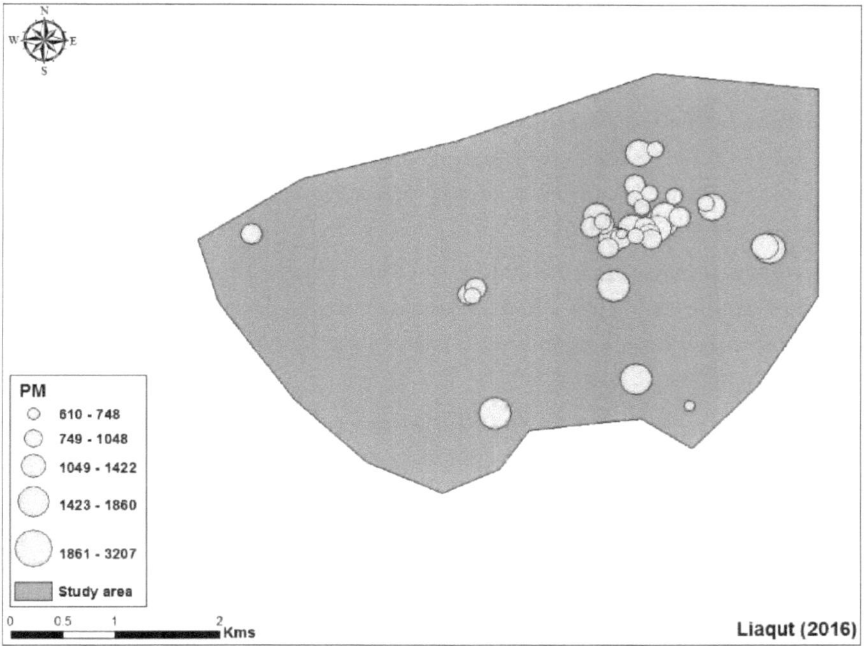

Figura 4.8 Padrões de PM (mg/Nm^3) na área de estudo

4.4. Doenças causadas por PM

Não	Doenças	Sim	Não	Phi Cramer's V Valor	Significativo
1	Problema respiratório	97	53	0.537	0.018
2	Problema de estômago	89	61	0.569	0.005
3	Infeção do nariz	115	35	0.535	0.019
4	Alergias	135	15	0.532	0.022
5	Frequência de pulso elevada	84	66	0.573	0.004
6	Hipertensão	70	80	0.539	0.017
7	Asma	120	30	0.548	0.006

Fonte: Dados primários calculados por tabulação cruzada

Na tabela acima mencionada, o ponto número um significa que o valor p é 0,018. O valor significativo é inferior ao valor alfa 0,05, pelo que se aceita a hipótese alternativa H1 e se rejeita a hipótese nula H0, o que significa que as pessoas que vivem perto de fábricas de ferro e aço sofrem de problemas respiratórios graves, incluindo problemas pulmonares, problemas pulmonares e problemas de bronquite. Depois de aceitar a hipótese alternativa, o passo seguinte consiste em determinar o grau de ligação entre estas variáveis. O valor V de Phi Cramer, que é de 0,537, indica a forte associação entre o poluente PM e o problema respiratório.

O ponto seguinte da tabela mostra o valor p de 0,005, que é inferior ao valor α de 0,05. O valor inferior de p indica a aceitação da hipótese alternativa, o que significa que a PM proveniente de fábricas de ferro e aço causa problemas de estômago aos residentes da área de estudo. O valor de Phi Cramer de 0,569 indica-nos que existe uma forte associação entre estas variáveis.

O terceiro ponto da tabulação cruzada marca o valor p que é 0,019 e o valor α é 0,05. O valor mais baixo de p permite rejeitar a hipótese nula e aceitar a hipótese alternativa. Por outro lado, a PM causa infeção nasal e obstrução nasal entre os residentes de fábricas de ferro e aço. O valor V de Phi Cramer, que é 0,535, mostra a forte associação entre a PM e a infeção nasal.

O ponto número quatro da tabela acima mencionada indica o valor p 0,022, que é inferior ao valor α 0,05. A hipótese alternativa é novamente aceite e a hipótese nula é novamente rejeitada, o que significa que os residentes das siderurgias sofrem de diferentes tipos de alergias graves, como problemas de pele graves (pele avermelhada, acne, cor bronzeada, etc.), infecções oculares (irritação ocular, inchaço ocular, olhos vermelhos, etc.), espirros e tosse e comichão no corpo devido à elevada concentração de partículas emitidas pela indústria siderúrgica. O valor V de Phi Cramer mostra o grau de ligação entre estas duas variáveis, sendo o seu valor de 0,532, o que mostra a forte associação entre os diferentes tipos de alergias e as PM das siderurgias.

O quinto ponto da tabela acima mencionada aponta para o valor p, que é de 0,004, porque o valor p é inferior a 0,05, pelo que podemos aceitar a hipótese H1, que significa que as pessoas que vivem perto das siderurgias sofrem de frequência cardíaca elevada ou de tensão arterial elevada devido à emissão de PM. Para determinar o grau de correlação entre as variáveis, o valor V de Phi Cramer, que é 0,573, indica-nos que existe uma forte associação entre a frequência de pulso elevada e a PM.

O penúltimo ponto da tabela mostra o valor p de 0,017 e o valor α de 0,05. O valor mais elevado de Alfa permite rejeitar a hipótese nula e aceitar a hipótese alternativa. Por outras palavras, a hipertensão é causada pela PM da indústria do ferro e do aço porque a PM é uma partícula fina de fuligem que estraga as paredes da casa, as roupas e a pele também. As pessoas sentem-se incomodadas e ficam com problemas de hipertensão. O valor V de Phi Cramer, que é de 0,539, indica-nos que existe uma forte associação entre a hipertensão e o poluente PM.

O último ponto da tabulação cruzada é a asma, o valor p é 0,006 e o valor α é 0,05 porque o valor p é inferior ao valor alfa, pelo que aceitámos a hipótese alternativa. Os residentes das fábricas de ferro e aço sofrem gravemente de asma devido à inalação contínua de partículas emitidas pelas fábricas de aço. O valor V de Phi

Cramer de 0,548 descreve que existe uma forte associação entre a asma e as PM industriais.

4.6 Análise hierárquica de clusters dos poluentes do ferro e do aço

O agrupamento categorizou as observações em dois ou mais grupos desconhecidos mutuamente selecionados com a combinação das variáveis estudadas. A principal razão da análise de clusters é encontrar um sistema de gestão das observações em grupos onde os objectos dos grupos partilham propriedades comuns. É comparativamente mais fácil para as pessoas compreenderem e preverem as propriedades dos objectos em função da sua pertença a um grupo, uma vez que todos eles partilham propriedades semelhantes. (http://en.wikipedia.org/wiki/cluster analysis)

A matriz de dados é a primeira etapa da análise de clusters, em que os objectos são linhas e as observações são colunas. A diferença entre a matriz de correlação e a matriz de proximidades na análise de clusters é que a matriz de correlação contém a semelhança entre as variáveis, enquanto a matriz de proximidades compreende as semelhanças entre as observações.

Neste estudo, foi efectuada uma análise de agrupamento hierárquico para descobrir a relação entre as diferentes variáveis estudadas e o aumento da distância a um determinado local. O dendrograma foi selecionado porque mostra a melhor correlação entre os poluentes da indústria do ferro e do aço, como mostra a figura 4.9.

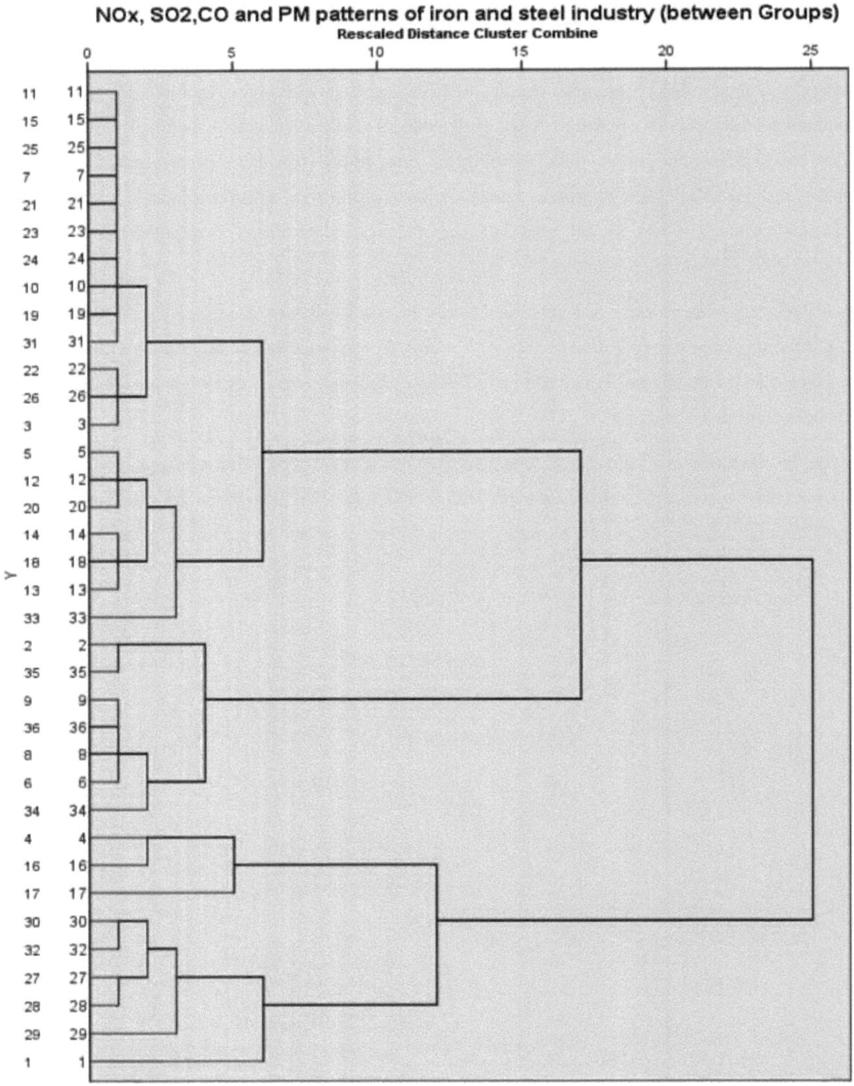

Figura 4.9. Dendrograma com os poluentes da indústria siderúrgica

A figura 4.9 apresenta a relação de refinamento dos poluentes atmosféricos industriais com base nas semelhanças das emissões. A direção horizontal do dendrograma representa a distância e a direção vertical do dendrograma mostra as variáveis. A figura mostra que a concentração de PM, NOx, SO2 e CO (mg/ Nm^3) era semelhante na siderurgia Bajwa, na fundição Subhan, na siderurgia Mushtaq, na siderurgia Malik Shahid, na siderurgia Ammar, na siderurgia Arif Sharif, na siderurgia Haji Sharif, na siderurgia Chand Brothers, na siderurgia Fiaz e na siderurgia Abid, mas apenas na proximidade de 1 quilómetro.

Outro grupo importante de emissões de poluentes atmosféricos semelhantes foi a siderurgia Haji Ilyas, a siderurgia de relaminagem Asad e a siderurgia de relaminagem Lucky. A concentração média de PM, NOx, SO2 e CO foi de 1306 (mg/ Nm^3), 183 (mg/ Nm^3), 1410 (mg/ Nm^3) e 1423 (mg/ Nm^3), respetivamente.

Outro grande grupo de indústrias foi a siderurgia Mashallah, a siderurgia de relaminagem Sultan e a siderurgia Faridia, que libertaram quantidades semelhantes de poluentes atmosféricos. A concentração média de PM, NOx, SO2 e CO foi de 1267 (mg/ Nm^3), 499 (mg/ Nm^3), 2008 (mg/ Nm^3) e 1698 (mg/ Nm^3), respetivamente.

Outro grupo semelhante de poluentes atmosféricos foi o da siderurgia de relaminagem de Karamat, da siderurgia de relaminagem de Madani e da siderurgia de relaminagem de Main Imran. Estas indústrias libertaram concentrações semelhantes de PM, NOx, SO2 e CO, que foram de 1389 (mg/ Nm^3), 1100 (mg/ Nm^3), 1917 (mg/ Nm^3), 1475 (mg/ Nm^3), respetivamente.

Um grupo mais pequeno de emissões de poluentes atmosféricos semelhantes foi o da siderurgia Ashfaq e o da siderurgia de relaminagem Tariq, que emitiram a mesma concentração de PM, NOx, SO2 e CO, respetivamente 1581 (mg/ Nm^3), 157 (mg/ Nm^3), 571 (mg/ Nm^3) e 2240 (mg/ Nm^3).

Outro grande grupo de indústrias que libertou poluentes atmosféricos semelhantes foi a siderurgia de relaminagem Chand Brothers, a siderurgia Waseem Brother, a siderurgia Asif Moulding e a siderurgia Rana Safdar. A concentração média de PM, NOx, SO2 e CO foi de 1029 (mg/ Nm^3), 130 (mg/ Nm^3), 365 (mg/ Nm^3) e 1072 (mg/ Nm^3), respetivamente.

Dois grupos mais pequenos de emissões de poluentes atmosféricos semelhantes foram a siderurgia fina, a laminagem de aço de Madina e a siderurgia S.A, a fábrica de aço S.J. A quantidade média de PM, NOx, SO2 e CO foi de 1824 (mg/ Nm^3), 180 (mg/ Nm^3), 2384 (mg/ Nm^3), 1274 (mg/ Nm^3) e 2515 (mg/ Nm^3), 121 (mg/ Nm^3), 2515 (mg/ Nm^3), 1445 (mg/ Nm^3), respetivamente.

Os clusters principais são classificados em A e B. Estes clusters estão ligados a C. Todas as variáveis discutidas mostram as suas relações entre si no conceito de semelhança. Cada variável perde a sua função nas localidades com o aumento gradual da distância em relação ao local de incidência.

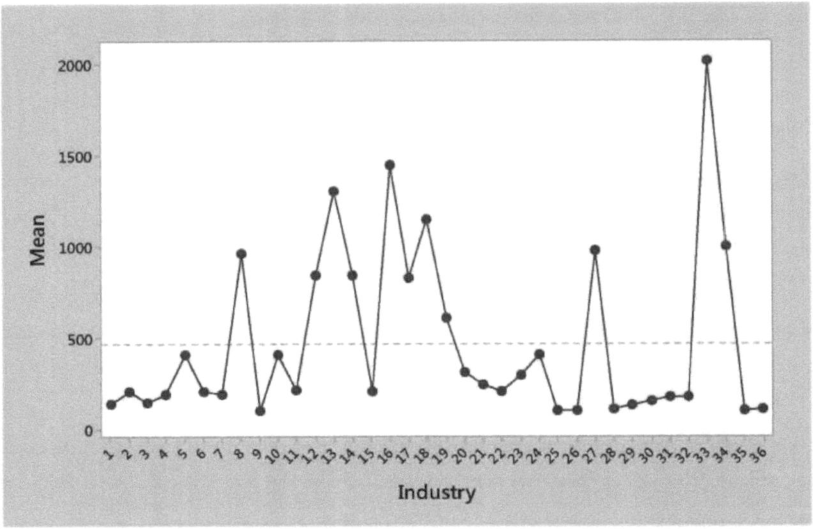

Figure 4.10 Concentração deNO_x (mg/Nm^3) (Eixo Y calculado por valores médios)

Este gráfico mostra a concentração elevada e baixa de NOx nas indústrias da amostra. A siderurgia Waseem Brother, a relaminação Sultan, a siderurgia Main Imran, a siderurgia Karamat, a siderurgia Imtaiz, a siderurgia Shahid, a relaminação Madina, a siderurgia S.A e a siderurgia Tariq emitiram valores superiores a 500 mg/Nm^3 de NO_x e a siderurgia Malik Quasar libertou a concentração mais elevada, ou seja, 2000 mg/Nm^3 de NO_x no ar da área de estudo.

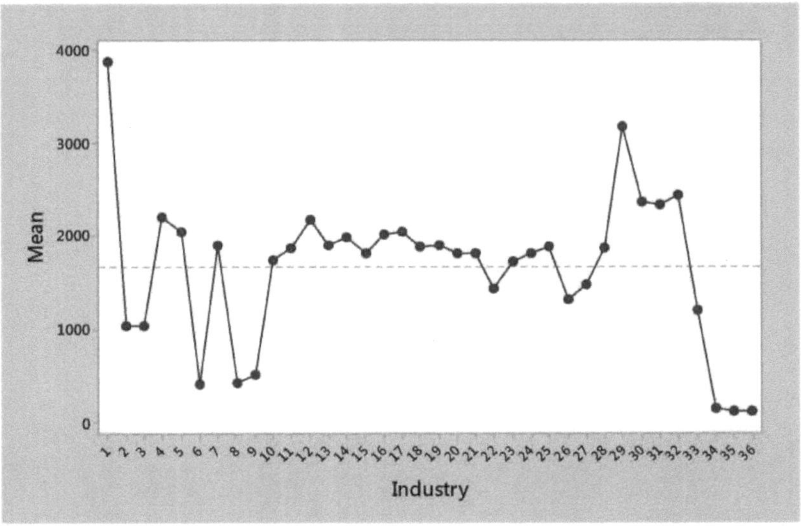

Figure 4.11 Concentração de SO2 (mg/Nm³) (Eixo Y calculado pelos valores médios)

O gráfico do efeito principal representa a concentração elevada e baixa de SO_2 na indústria da amostra. A maioria das indústrias, incluindo a siderurgia Malik Hafiz, a siderurgia Shahid Imtiaz, a relaminação de aço Mashallah, a relaminação Malik Shahid Yousaf, a relaminação Chand Brothers, a siderurgia Bajwa, a relaminação Sultan, a relaminação Main Imran, Indústria de relaminagem Karamat, fundição de ferro Subhan, relaminagem Imtaiz, relaminagem Shahid, relaminagem Madani, relaminagem Fiaz, siderurgia Faridia, siderurgia Ammar, siderurgia Haji sharif, siderurgia Mushtaq, siderurgia S.J, TM, fábrica de relaminagem, fábrica de aço fino, indústria de ferro Abid e fábrica de aço Madina estavam a libertar grandes quantidades (2000 a 4000 mg/Nm³) de SO_2 na atmosfera da área de estudo.

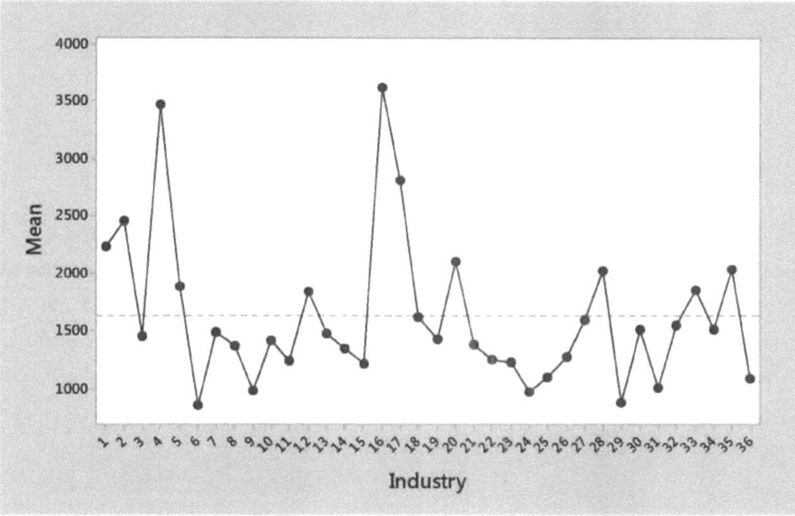

Figura 4.12 Concentração de CO (mg/Nm³) (eixo Y calculado pelos valores médios)

Esta figura mostra a concentração de CO (mg/Nm³). [3]O gráfico do efeito principal do CO indica que cerca de onze indústrias, nomeadamente a siderurgia Malik Hafiz, a siderurgia de relaminagem Ashfaq, a siderurgia Shahid Imtiaz, a siderurgia Mashallah, a siderurgia de relaminagem Sultan, a siderurgia Imtaiz, a siderurgia Shahid, a siderurgia Faridia, a siderurgia S.J, a siderurgia Ghulzar e o forno de aço Tariq, libertam mais de 1500 mg/Nm de CO ([3]) no ar da área de estudo do que as restantes.

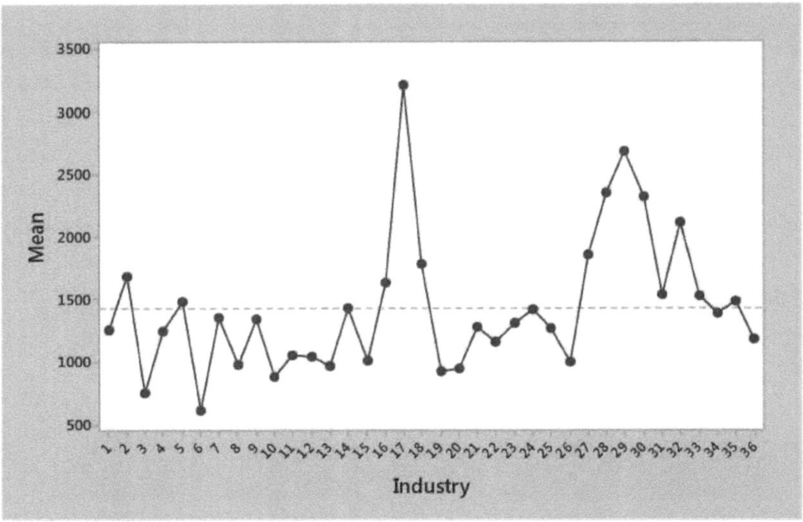

Figura 4.13 Concentração de PM (mg/Nm^3) (eixo Y calculado por valores médios)

Este gráfico indica que 16 indústrias (siderurgia Ashfaq, relaminagem Mashallah, relaminagem Karamat, relaminagem Imtiaz, siderurgia Shahid, relaminagem Madani, siderurgia Haji sharif, siderurgia S.A, forno de aço S. J, siderurgia TM, siderurgia fina, siderurgia Abid, siderurgia Madina, relaminagem Ghulzar, siderurgia Malik Quasar e siderurgia Tariq) libertavam resíduos de gases de escape.J, TM iron plant, fine steel mill, Abid steel mill, Madina steel mill, Ghulzar steel rerolling mill, Malik Quasar steel mill, and Tariq steel mill) estavam a libertar 1500 mg/Nm^3 ou mais de 1500 mg/Nm^3 na atmosfera da área de estudo.

4.7 Concentração de ruído e efeitos na saúde humana

No local onde a indústria do ferro e do aço é a principal fonte de emissão de poluentes NO_x , SO_2 , PM, CO, esta indústria é também fonte de poluição sonora. O nível mínimo de ruído medido no local de estudo é de 80 dB. Os níveis de ruído superiores a 80 dB são considerados perigosos para o ouvido humano e para a saúde. Há muitos sintomas como tensão arterial elevada, dores de ouvido, corrimento auditivo, alteração do ritmo cardíaco, insónia (insónia), hipertensão causada pela exposição ao ruído. A exposição prolongada ao ruído provoca perdas auditivas temporárias e permanentes. O ruído de cerca de 90 a 100 dB causa perda de audição temporária nos residentes e nos empregadores. O ruído também afecta a comunicação, aumenta a raiva, o stress, a depressão, o cansaço, etc. Também provoca falta de concentração e reduz a eficiência do trabalho. A Figura 4.14 mostra o padrão de ruído na zona de estudo.

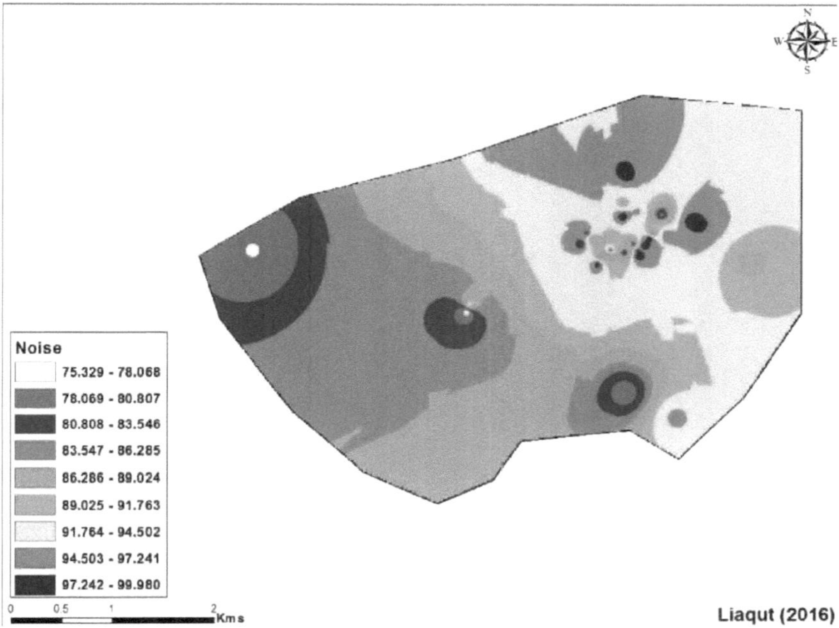

Figura 4.14 Padrões de poluição sonora (dB) na área de estudo

A cor branca mostra a gama mais baixa de ruído e a cor castanha mostra a gama mais alta de ruído na área de estudo. Siderurgia de relaminagem Malik Hafiz, siderurgia Ashfaq, siderurgia Haji Ilyas, siderurgia de relaminagem Mashallah, siderurgia de fundição Subhan, siderurgia de relaminagem Ghulzar, siderurgia Rana Safdar, siderurgia com forno de aço Tariq, siderurgia Madina, siderurgia de relaminagem Abid, A siderurgia Asad, a siderurgia de relaminagem Mushtaq, a siderurgia Haji sharif, a siderurgia de relaminagem Waseem brother e a siderurgia de relaminagem Karamat libertaram o nível de ruído industrial mais elevado, cerca de 97-100 dbs, em Shadi pura, Bhani road, Darogha wala ring road. As indústrias TM Steel Mill, Arif Steel Rerolling Mill, Ammar Rerolling Steel Mill e Faridia Steel Mill da cidade de Shalamar produziam 78 a 85 dbs de ruído. Apenas uma ou duas indústrias (siderurgia Faridia e siderurgia Arif) produziam ruídos de 75 dB na área de estudo, que também se situava na cidade de Shalamar. Doenças relacionadas com o ruído, como dores de cabeça, hipertensão arterial, dores de ouvido, perda temporária de audição, hipertensão e depressão, foram frequentemente observadas em toda a área de estudo.

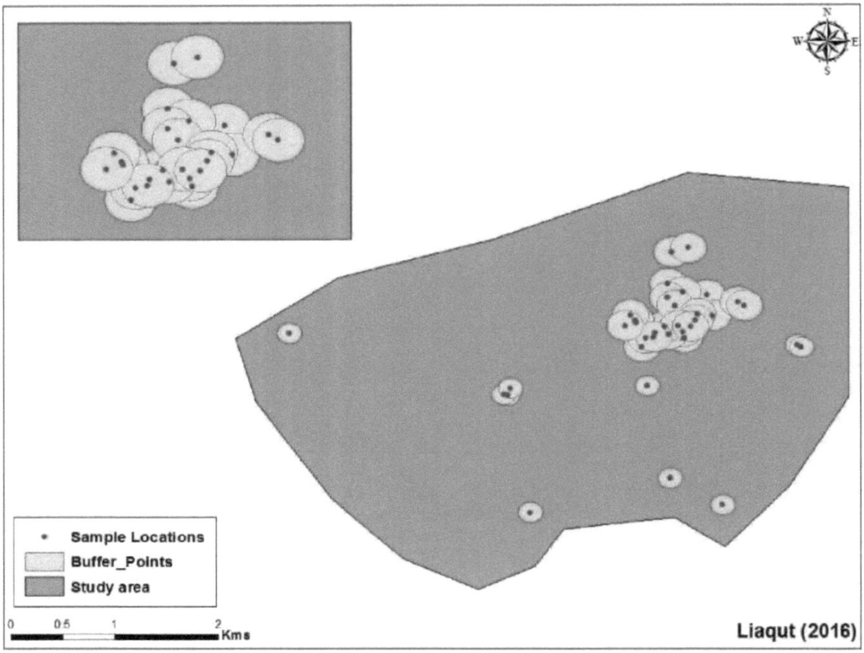

Figura 4.15 Cobertura da poluição sonora (dB) na área de estudo

A figura 4.15 mostra a análise da proteção contra o ruído na área de estudo. Os tampões amarelos grandes mostram o raio de 150 metros e a amplitude do ruído é de cerca de 90 a 100 dB. Shadi pura, Ring road e Bhani road têm as fábricas de ferro e aço mais próximas da área de estudo, pelo que se observou uma elevada gama de ruído nestas áreas e as pessoas sofreram imensamente de dores de cabeça, dores de ouvidos, corrimento auditivo, hipertensão, pressão arterial elevada e perda temporária de audição. As pequenas zonas de proteção amarelas mostram a baixa intensidade do ruído, entre 75 e 89 dB, num raio de 100 metros. Devido à menor concentração da indústria siderúrgica na parte restante da área de estudo, a gama de ruído não era tão elevada, mas também se observavam insónias, cansaço, interferência na comunicação, falta de concentração, dores de cabeça, dores de ouvido, hipertensão e aumento da raiva.

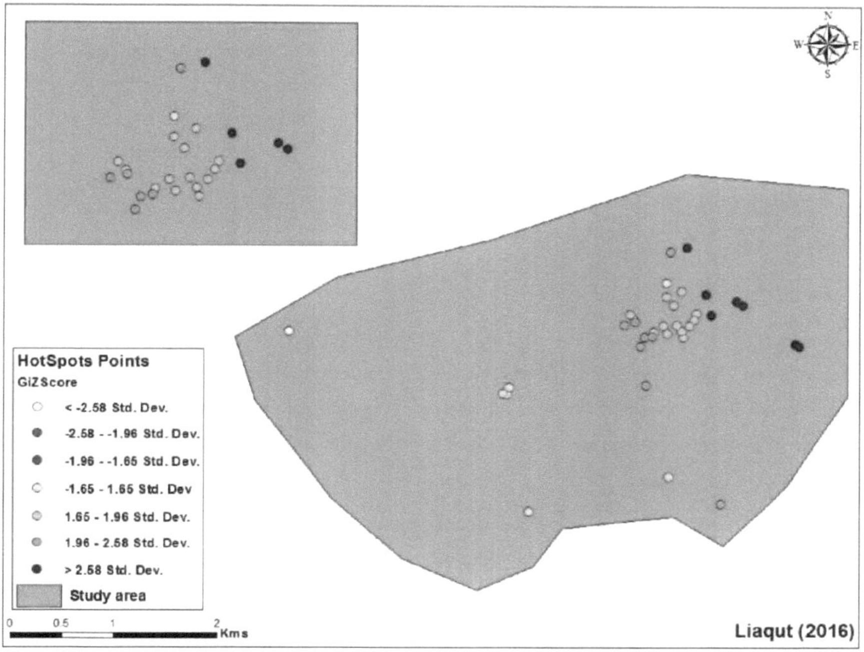

Figura 4.16 Padrões de poluição sonora (dB) (análise de Hotspots)

A Figura 4.16 mostra que a técnica de análise de pontos quentes foi aplicada para determinar os pontos quentes de ruído em diferentes locais de amostragem da área de estudo. Os resultados do GiZ pontuam os locais com valores altos ou baixos agrupados espacialmente. Quando existe um valor negativo elevado <-2,58 para uma pontuação GiZ, existe um ponto frio na proximidade de um agrupamento estatisticamente significativo. Do mesmo modo, quando existe um valor positivo elevado >2,58, significa que existe um hotspot na área de estudo. Na chave, as pontuações de GiZ mostram a cor correspondente da área de estudo. A cor castanha mostra as pontuações GiZ elevadas ou os hotspots que se verificou estarem localizados em Moman pura, Shadi pura e Darogha wala ring road, designados por siderurgia de relaminação haji sharif, siderurgia Mushtaq, siderurgia de relaminação Asad, siderurgia S.A, siderurgia de forno de aço S.J, siderurgia de relaminação de aço fino, siderurgia Abid, siderurgia de relaminação Madina, siderurgia de relaminação Malik Quasar, siderurgia Tariq. As cores laranja e verde mostram as pontuações GiZ de 1,65 a 2,58, que são quase hotspot > 2,58. Localizavam-se em Darogha wala chowk, Bhani road, algumas zonas da Ring Road

4.5. Doenças causadas pelo ruído da indústria (tabulação cruzada)

Não	Hipótese	Significado
1	A poluição sonora industrial reduz a eficiência do trabalho, aumenta a irritação, interfere na comunicação e provoca falta de concentração.	0.000

2	A poluição sonora industrial causa dor de ouvido, dor de cabeça, dor de ouvido descarga e tensão arterial elevada no ser humano.	0.000
3	A poluição sonora industrial provoca cansaço, depressão, hipotensão e insónia (insónia).	0.000
4	A poluição sonora industrial provoca uma perda temporária da audição em Humano.	0.000

Fonte: Dados primários calculados por tabulação cruzada

No primeiro ponto da tabulação cruzada, o valor p é de 0,000, ou seja, inferior ao valor α de 0,05, pelo que a hipótese alternativa H1 é aceite em vez da hipótese nula H0. Por outro lado, a poluição sonora industrial reduziu a eficiência do trabalho, aumentou a irritação, interferiu na comunicação e não concentrou as pessoas que vivem perto da indústria do ferro e do aço. O valor de significância é de 0,000, o que mostra a forte associação entre as variáveis.

O segundo ponto da tabela acima mencionada indica que o valor p é 0,000. O valor p é inferior ao valor alfa, pelo que H1 é aceite e H0 é rejeitada. Este ponto descreve como os residentes da indústria siderúrgica sofrem de diferentes doenças, tais como dores de ouvidos, dores de cabeça fortes, corrimento auditivo e tensão arterial elevada, causadas pela poluição sonora industrial. O valor de p indica-nos que existe uma forte associação entre estas doenças e o ruído industrial.

O segundo último ponto da tabela acima mencionada significa que o valor p é 0,000, que é inferior ao valor α, que é 0,05. O valor inferior de p indica a aceitação da hipótese alternativa. O ruído industrial provoca cansaço, depressão, hipertensão e insónia ou insónia nas pessoas que vivem perto de siderurgias. O seu valor de significância de 0,000 mostra a forte associação entre as variáveis.

O último ponto da tabela assinala que o valor de significância é 0,000 e o valor α é 0,05, porque o valor p é inferior ao valor α, pelo que podemos aceitar a hipótese alternativa, o que significa que o ruído proveniente da indústria do ferro e do aço causa perda auditiva temporária nos residentes da área de estudo. O valor de significância 0,000 indica-nos que existe uma forte associação entre a perda auditiva temporária e o ruído industrial.

4.8 Análise hierárquica de clusters

A análise hierárquica de agrupamentos representa a relação de confusão de diferentes variáveis estudadas para um determinado local com o aumento da distância. A análise de clusters foi aplicada aos dados de poluição sonora da cidade de Wenzhou e resultou que a principal fonte de ruído da cidade era o ruído da produção industrial (Qi Wang, 2008). O dendrograma mostra a melhor relação entre os ruídos de diferentes amostras de indústrias, como mostra a figura 4.17.

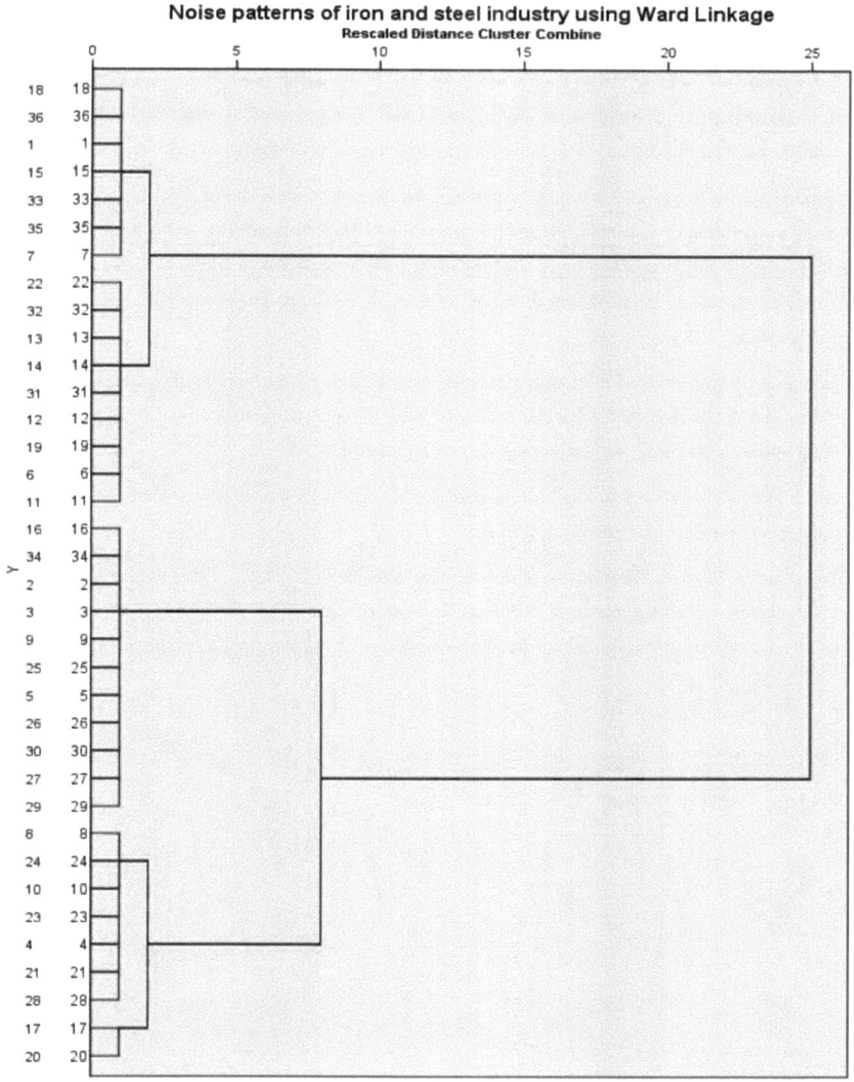

Figura 4.17 Dendrograma dos níveis de ruído do ferro e do aço

A Figura 4.17 representa a força da relação entre ruídos semelhantes provenientes de fábricas de ferro e aço. A direção vertical mostra as variáveis e a direção horizontal do dendrograma mostra a distância. O dendrograma mostra os quatro grandes grupos de ruído e cinco pequenos grupos com base na semelhança, mas apenas discute os pequenos grupos.

O nível de ruído era semelhante na siderurgia Malik Shahid Yousaf, na siderurgia Malik Hafiz, na fundição

Subhan, na siderurgia de relaminagem Madani, na siderurgia com forno de aço Tariq, na siderurgia Rana Safdar e na siderurgia de relaminagem Ghulzar. O nível médio de ruído foi de 98 dB.

Outro grupo importante de indústrias que libertam ruído foi o da relaminação de Main Imran, o da relaminação de Karamt, o da relaminação de Sultan, o da moldagem de Asif, o da Bajwa, o da relaminação de Faiz, o da Lucky e o da relaminação de Madina. Estas indústrias produziram um nível médio de ruído de 95 dB.

Um outro grupo importante que produziu ruído semelhante foi a siderurgia de relaminagem Imtaiz, a siderurgia Malik Quasar, a siderurgia de relaminagem Ashfaq, a siderurgia Haji Ilyas, a siderurgia Chand Brothers, a siderurgia Mashallah, a siderurgia Mushtaq, a siderurgia Asad, a siderurgia S.A, a siderurgia fina e a siderurgia TM. Estas indústrias revelam a semelhança na produção de ruído com uma amplitude quase idêntica, de 92 dB, na zona de estudo.

Outro grande grupo industrial que emitiu uma gama média de ruído de 85 dB foi o laminador de aço waseem brother, o laminador de aço Haji shrif, o laminador de aço Chand brothers, o laminador de aço Arif, o laminador de aço Shahid Imtiaz, o laminador de aço Ammar e o laminador de aço S.J.

Um pequeno grupo com um nível de ruído semelhante na área de estudo foi a siderurgia Shahid e a relaminação de aço Faridia. O nível médio de ruído foi de 87,5 dB.

Os principais clusters são classificados em A, B e C com base na similaridade. Estes agrupamentos estão ligados ao agrupamento D. O agrupamento D assinala as indústrias que têm semelhanças na área de estudo, pelo que estão relacionadas umas com as outras a uma distância de 25 quilómetros do ponto de origem.

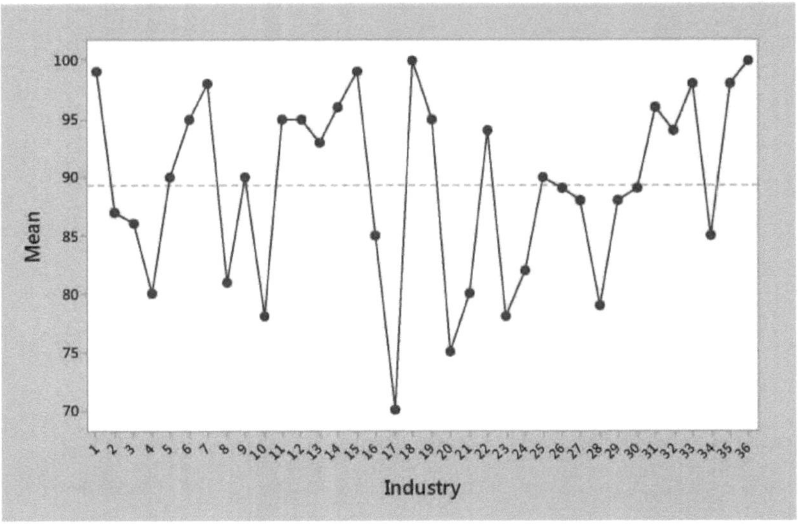

Figura 4.18 Níveis de ruído na zona de estudo (eixo Y calculado pelos valores médios)

Este gráfico mostra as diferentes gamas de ruído na indústria do ferro e do aço. Indústrias Laminador Malik

Hafiz, Laminador de aço Mashallah, Laminador de aço Asif Moudling, Laminador de aço Malik Shahid Yousaf, Laminador de aço Chand Brothers, Laminador de aço Bajwa, Laminador de aço Sultan, Laminador de aço Mian Imran, Laminador de aço Karamat, Laminador de aço Subhan Foundry, Laminador de aço Madani, A siderurgia de relaminagem Fiaz, a siderurgia Lucky, a siderurgia de relaminagem Mushtaq, a siderurgia Asad, a siderurgia Fine, a siderurgia Abid, a siderurgia Madina, a siderurgia Ghulzar, o forno de aço Tariq e a siderurgia de relaminagem Rana Safdar apresentam um nível de ruído elevado, de 90 a 100 dB, na zona de estudo, em comparação com outras indústrias.

4.9 Resumo

Este capítulo apresenta as questões de investigação e os respectivos resultados com base na finalidade e nos objectivos do estudo. Esta investigação tem dois objectivos principais: a distribuição espacial dos poluentes libertados pela indústria do ferro e do aço e os seus efeitos na saúde humana. Diferentes gráficos e mapas, utilizando o Minitab e o ArcGIS, mostraram a concentração de poluentes e os padrões do nível de ruído na área de estudo e, utilizando o qui-quadrado Phis Cramer's V, testemunharam a associação entre variáveis. O valor do V de Phi Cramer mostrou a relação fraca ou forte entre as variáveis independentes e dependentes. Os poluentes do ferro e do aço e o ruído causaram muitas doenças prejudiciais aos residentes da área de estudo. As pessoas sofriam de asma, diferentes tipos de alergias, problemas respiratórios, problemas de estômago, dores de cabeça, dores de ouvidos, insónias, perda temporária de audição, depressão, etc.

No capítulo seguinte, são discutidos em pormenor o resumo, a conclusão, as recomendações e as sugestões para o futuro.

Capítulo 5

RESUMO, CONCLUSÃO, RECOMENDAÇÕES E TRABALHOS FUTUROS

5.1 Introdução

Este capítulo apresenta um resumo geral, os principais resultados, conclusões e recomendações sobre o estudo da distribuição espacial dos poluentes libertados pela indústria do ferro e do aço e os seus efeitos na saúde humana, em Lahore.

5.2 Resumo

No primeiro capítulo, foi feita uma revisão sinóptica geral do presente estudo. Os objectivos principais eram dois: examinar a distribuição espacial da indústria siderúrgica e interpretar os seus efeitos na saúde humana. Estes objectivos foram alcançados com êxito durante os estudos. Lahore, selecionada como área de estudo, foi abordada na introdução geral das variáveis do estudo, juntamente com outras informações breves, como a localização geográfica, a topografia, o clima, os factores de localização, a atividade industrial em Lahore, os produtos da siderurgia, as normas da EPA relativas à poluição atmosférica e sonora.

No segundo capítulo, o complemento do presente trabalho de investigação foi gerado a partir de trabalhos de investigação anteriores a nível local, regional e internacional, como revisão da literatura. A forma como diferentes investigadores utilizaram o conceito de poluição industrial atmosférica e sonora e os seus efeitos na saúde humana através da utilização de diferentes técnicas estatísticas e informáticas disponíveis, como SPSS, Excel, GPS, ArcGIS e Minitab, etc., em diferentes investigações sobre poluentes industriais, especialmente os poluentes da indústria siderúrgica e os seus efeitos na saúde humana.

O terceiro capítulo descreve a recolha de dados relevantes e a metodologia adoptada. A maior parte dos dados primários, de acordo com as necessidades desta investigação, foram recolhidos em 36 amostras de indústrias em duas cidades de Lahore e as informações relativas aos efeitos dos poluentes na saúde humana foram recolhidas junto dos residentes das siderurgias através de questionários bem estruturados e do método de entrevista. Para a análise dos efeitos dos poluentes na saúde humana, foi utilizado o teste do qui-quadrado Phi Cramer's V do SPSS e, para a cartografia e os gráficos, o ArcGIS e o Minitab.

No capítulo quatro são apresentadas informações pormenorizadas sobre as conclusões e os resultados. A informação disponível foi explicada sob a forma de tabelas, gráficos e mapas através da utilização de técnicas estatísticas, ArcGIS e Minitab. O valor V de Phi Cramer indicou a relação forte e fraca entre as variáveis, pelo que o valor testado indicou que quase todas as variáveis dependentes (doenças devidas à poluição atmosférica e sonora da indústria siderúrgica) eram significativas para as variáveis independentes (NO_x, SO_2, CO, PM e ruído). O agrupamento hierárquico dos poluentes das siderurgias e do ruído das siderurgias mostrou as semelhanças entre as indústrias com base na distância. O gráfico de efeito principal de poluentes e ruído representou os padrões de poluentes e ruído da área de estudo. O método de classificação simbolizada ponderada pela distância inversa, a análise de tampões e a análise de pontos críticos do ArcGIS mostraram a distribuição plana e a região alta e baixa dos poluentes e do ruído.

O presente estudo deu uma ideia clara sobre a poluição atmosférica e a poluição sonora das siderurgias em todos os locais de amostragem da área de estudo. A emissão de gases de chaminé e o ruído foram registados em 36 locais de amostragem. Foi determinado que todas as indústrias da amostra aumentaram os limites máximos legais das normas EPA.

Este trabalho serviu, em última análise, para abrir os olhos a alguns factos ocultos sobre os efeitos perigosos dos poluentes na saúde humana. Os resultados do presente estudo indicam que a relação significativa entre as variáveis significa que a poluição sonora e atmosférica da indústria siderúrgica causa várias doenças nas pessoas.

5.3 Conclusão

A área ao longo de Basimor, Darogha Wala, Darogha ring road e Moman pura são os principais locais onde se registaram maiores emissões de poluentes e níveis de ruído, mas a maior emissão de poluentes foi registada em Shadi pura (Bhani road). A siderurgia de Shahid emitia uma quantidade enorme de PM na zona, que era de 3207 mg/Nm^3 . A siderurgia de Ghulzar emitia a concentração mais elevada de NOx, 2014 mg/Nm^3 . As siderurgias Malik hafiz e Imtiaz emitiam a maior concentração de SO2 e CO, respetivamente, 3880 mg/Nm^3 e 3610 mg/Nm^3 na zona de estudo. Na estrada de Shadi pura Bhani também se registou um nível de ruído elevado, de cerca de 100 dB.

As pessoas que vivem nesta zona sofrem diretamente de doenças associadas à poluição do ar e à poluição sonora. 90% das pessoas sofrem de diferentes tipos de alergias, como alergias de pele, alergias oculares, espirros e tosse, etc. 80% das pessoas sofrem de problemas de estômago, 88% de dores de cabeça, 76,6% de infecções nasais ou de obstrução nasal, 64,6% de problemas respiratórios, 59,3% de problemas de estômago, 56% de pulsação elevada e 56,3% de doenças fisiológicas, como falta de ar e sensação de asfixia, na zona de estudo. 99,8% das pessoas sofrem de doenças relacionadas com o ruído, tais como perda temporária de audição, depressão, insónia, dores de ouvido, dores de cabeça, etc.

Caracteristicamente, a mesma percentagem de doenças foi observada em quase toda a área de estudo e diminui de forma constante à medida que a distância aumenta da área de estudo. Esta tendência geral é conhecida como função de "decaimento da distância". As fábricas de ferro e aço libertam fumos poluentes no ar sem tratamento, o que também afecta a situação financeira dos residentes. Cerca de 40 a 45% do rendimento, que depende do tamanho da família, foi gasto em tratamentos médicos check-ups e medicamentos. Se as indústrias implementarem alguns métodos para limpar os fumos antes de os libertarem no ar, é sem dúvida seguro que estes 40% do rendimento das pessoas na área de estudo sejam poupados.

Por último, é necessário reconhecer que as conclusões deste estudo sobre a distribuição espacial dos poluentes da indústria siderúrgica e os seus efeitos na saúde humana são específicas neste momento. No entanto, uma relação igualmente forte entre os poluentes industriais e os efeitos na saúde humana não existe noutros locais. Se existir, então esta investigação pode ajudar o decisor e os planeadores a formularem informações hipotéticas. Especialmente sobre os efeitos dos poluentes da indústria siderúrgica na saúde humana.

5.4 Recomendações

A poluição industrial tem vindo a aumentar não só em Lahore, mas em todo o Paquistão. Por conseguinte, a necessidade urgente de segurança e proteção contra os efeitos perigosos da poluição atmosférica e sonora da indústria siderúrgica é urgente, a fim de tornar o ambiente global habitável. Assim, há muitas recomendações para a zona industrial que podem melhorar o nível de emissões industriais e de ruído e a zona residencial.

Recomendações para a zona industrial

1. Estas indústrias devem ser transferidas para zonas não residenciais ou para os subúrbios da cidade.
2. A plantação em zonas industriais pode ajudar a reduzir a poluição sonora e atmosférica.
3. O mais recente design da chaminé pode ser adotado para reduzir a poluição do ar.
4. É necessário introduzir silenciadores sem ruído no sector do corte de ferro e aço.
5. As normas de poluição atmosférica e sonora estabelecidas pela EPA do Paquistão têm de ser seguidas pelos proprietários das indústrias para controlar os produtos químicos libertados no ar e pode haver algum controlo sobre isso e sobre a plantação da indústria do ferro e do aço.
6. Os protectores auriculares podem ser utilizados pelos trabalhadores da indústria siderúrgica e tornaram-se obrigatórios em determinadas situações, como durante o corte do ferro e do aço.
7. É necessário proibir os turnos duplos e reduzir a duração do trabalho para que os trabalhadores e as pessoas que vivem perto da siderurgia possam relaxar física e mentalmente.
8. Estabelecer gabinetes regionais a todos os níveis distritais para controlar as actividades industriais.
9. As indústrias podem libertar os seus poluentes tóxicos no ar após o tratamento.

Recomendações para a zona residencial

1. É necessário utilizar vidro pesado nas janelas para reduzir o ruído industrial.
2. As cortinas e os lençóis podem ser utilizados para controlar o fumo industrial e as partículas de fuligem.
3. Cultivar plantas de interior e exterior em casa também ajuda, em certa medida, a controlar a poluição atmosférica e sonora.
4. As pessoas que vivem em instalações siderúrgicas fazem exames médicos adequados todos os anos ou de 3 em 3-4 anos.

5.5 Investigação futura

1. Nesta investigação, o nível de poluentes foi medido em 36 amostras de indústrias siderúrgicas, mas podem ser recolhidos mais dados especificando os poluentes como $PM_{2.5}$ ou PM_{10} ou estudando os poluentes individuais e os seus efeitos.
2. Os efeitos da poluição atmosférica e sonora nos animais e na vegetação, bem como no ambiente.
3. Neste estudo, as variáveis foram apenas o ruído, os poluentes tóxicos do ferro e do aço e as doenças,

mas também foram medidas outras variáveis como o nível de rendimento, o nível de vida, as estações do ano com maior poluição atmosférica e a tecnologia antiga utilizada nas siderurgias.

4. Desenvolvimento e expansão de fábricas de ferro e aço em áreas residenciais modelo para a cidade de Lahore.

5. Este trabalho de investigação foi realizado na cidade de Lahore. Outros investigadores podem também realizar esta investigação noutras cidades.

6. Este estudo será muito benéfico se for efectuado apenas com crianças de fábricas de aço para verificar diferentes doenças causadas pela poluição sonora e atmosférica.

7. Este estudo centra-se apenas na poluição industrial atmosférica e sonora. Outros investigadores podem também analisar outras poluições, como a do solo, a da água, etc., para verificar o seu impacto na saúde.

8. O efeito do fumo proveniente das indústrias também pode ser medido no comportamento humano em diferentes cidades.

Referências

1. Doushanov. D.L. (2010*), controlo da poluição na indústria do ferro e do aço*. Tecnologias de controlo da poluição vol (3), pp 25-45.

2. Quader. M.A, Raja Ariffin. A.S, Ghazilla. R, Ahmed. S, Dahari. M, (2015), *uma revisão abrangente sobre tecnologias inovadoras de CO_2 com eficiência energética para o fabrico sustentável de ferro e aço verde*. Renewable and Sustainable Energy Reviews vol (50), pp 594-614.

3. Mahamed. J (2013), *Poluição do ar causada por fábricas de ferro e aço*. Jornal Internacional de Mineração, Metalurgia e Engenharia Mecânica (IJMMME) (1), pp 219-222.

4. Roy. Nagendra (2014), *repartição das fontes de aerossóis de TSP na região urbana da cidade siderúrgica da Índia, Rourkela*. Particuologyvol (20), pp 124-133.

5. Tanaka. Kanako (2012), *um estudo comparativo dos métodos da UE e do Japão para avaliar a redução das emissões de CO_2 e a poupança de energia na indústria do ferro e do aço*. Energy Policy vol (51), pp 578-585.

6. Li. Sumei, Liu. G, Zheng. M, Liu. W, (2015), *uma comparação das contribuições de dibenzo-p-dioxinas policloradas e dibenzofuranos e outros poluentes orgânicos persistentes produzidos não intencionalmente para o equivalente tóxico total no ar de áreas de usinas siderúrgicas*. Chemosphere vol (126), pp 73-77.

7. Loncscu. Anda, Candau. Yves (2006), *Air pollutant emission prediction by process modelling - application in the iron and steel industry in the case of a reheating furnace*. Environmental Modelling& Software (22), pp 1362-1371.

8. Kuramochi. Takeshi, Ramiraz. Andrea, Turkenburg. Wim, Faaji. Andra, (2012). *Efeito da captura de CO_2 na emissão de poluentes atmosféricos de processos industriais.* Revista Internacional de Controlo de Gases com Efeito de Estufa vol (10), pp 310-328.

9. Sammut. M.L, Noack.Y, Hazemann. J.L, Proux. O, Depoux. M, Zeibal. A, Fiani. E, (2009), *Speciation of Cd and Pb in dust emitted from sinter plant*. Chemosphere vol (78), pp 445-450.

10. Fernandez Alvarez, F., Ternero Rodriguez, M., Fernandez Espinosa, A.J., Gutierrez Daban, A., (2004). *Especiação física de arsénio, mercúrio, chumbo, cádmio e níquel em partículas atmosféricas inaláveis*. Anal. Chim. Ata 524 (1-2), pp 33-40.

11. Hayes, R.B., (1997). *A carcinogenicidade dos metais nos seres humanos.* Cancer Cause. Controlo (8), pp 371-385.

12. Oravisjarvi, K., Timonen, K.L., Wiikinkoski, T., Ruuskanen, A.R., Heinanen, K., Ruuskanen, J., (2003). *Contribuições das fontes para as partículas PM2.5 no ar urbano de uma cidade situada perto de uma siderurgia*. Atmos. Environ. (37), pp 1013-1022.

13. Clevenger, T.E., Salwan, C., Koirtyohann, S.R., (1991).*Especiação de chumbo de partículas em filtros de ar recolhidos na vizinhança de uma fundição de chumbo*. Environ. Sci. Technol.(25), pp 1128-1133.

14. Aries, E., Anderson, D.R., Fisher, R., Fray, T.A.T., Hemfrey, D., (2006). *PCDD/F e"Dioxin-like" PCB emissions from iron ore sintering plants in the UK.* Chemosphere (65), pp 1470-1480.

15. Anderson, D.R., Fisher, R., (2002). *Sources of dioxins in the United Kingdom the steel industry and other sources (Fontes de dioxinas no Reino Unido - a indústria siderúrgica e outras fontes).* Chemosphere (46), pp 371-381.

16. OMS, (1998). *Dibenzo-p-dioxinas e dibenzofuranos polibromados.* Environ. Health Criteria 205.

17. WSA (World Steel Association), (2011).World Steel in Figures 2011.

18. Agência Internacional da Energia: *worldwide trends in energy use and efficiency* (2008) pp. 32.

19. Política em matéria de alterações climáticas POSCO (2014).

20. Abbey, D. E., Nishino, N., McDonnell, W. F., Burchette, R. J., Knutsen, S. F., Lawrence Beeson, W., et al. (1999). *Long-term inhalable particles and other air pollutants related to mortality in nonsmokers (Partículas inaláveis a longo prazo e outros poluentes atmosféricos relacionados com a mortalidade em não fumadores).* American Journal of Respiratory and Critical Care Medicine, 159(2), 373-382.

21. Helble, J., Mojtahedi, W., Lyyranen, J., Jokiniemi, J., &Kauppinen, E. (1996). *Trace element partitioning during coal gasification.* Fuel, 75(8), pp 931-93

22. Huggins, F. E., Huffman, G. P., Linak, W. P., & Miller, C. A. (2004). *Quantificação de espécies perigosas em material particulado derivado da combustão de combustíveis fósseis.* Environmental Science & Technology, 38(6), pp 1836-1842.

23. Amodio, M., Andriani, E., de Gennaro, G., Di Gilio, A., Ielpo, P., Placentino, C. M. (2013). *Como uma usina siderúrgica afeta a qualidade do ar de uma área urbana próxima: um estudo sobre metais e concentrações de PAH.* Aerosol and Air Quality Research, (13), pp 497-508.

24. Li, Y., Wang, P., Ding, L., Li, X., Wang, T., Zhang, Q., Yang, H., Jiang, G., Wei, F. (2010).*Distribuição atmosférica de dibenzo-p-dioxinas policloradas, dibenzofuranos e bifenilos policlorados do tipo dioxina em torno de uma área de fábrica de aço, no nordeste da China.* Chemosphere (79), pp 253-258.

25. Kyotani, T., Iwatsuki, M., (2002). *Caracterização de componentes solúveis e insolúveis nas fracções PM2.5 e PM10 de partículas transportadas pelo ar na cidade de Kofu, Japão.* Atmos. Environ. (36), pp 639-649.

26. Adamson, I., Prieditis, H., Hedgecock, C., Vincent, R., (2000). *O zinco é o fator tóxico na resposta pulmonar a uma amostra de partículas atmosféricas.* Toxicol. Appl. Pharmacol. (166), pp 111-119.

27. Governo do Paquistão, (2000). District census report of Lahore (1998), population census organization statistics division, Islamabad.

28. Estatísticas de desenvolvimento do Punjab (2014).

29. Inquérito económico do Paquistão, (2014-2015).

30. Relatório da Câmara de Comércio e Indústria de Lahore, (2014).

31. Dales R, Kauri. L.M, Cakmak.S, Mahmud.M, (2013). *Alterações agudas na função pulmonar associadas à proximidade de uma fábrica de aço: Um estudo randomizado.* Ambiente Internacional (55), pp 15-19

32. Andersen ZJ, Kristiansen LC, Andersen KK, Olsen TS, Hvidberg M, Jensen SS, et al (2012). *Acidente vascular cerebral e exposição a longo prazo à poluição do ar exterior por dióxido de azoto: um estudo de coorte.* Stroke 43(2), pp320-5.

33. Bhaskaran K, Hajat S, Armstrong B, Haines A, Herrett E, Wilkinson P, et al (2011).*The effects of hourly differences in air pollution on the risk of myocardial infarction: case crossover analysis of the MINAP database.*

34. Adar SD, Kaufman JD (2007). *Cardiovascular disease and air pollutants: evaluating and improving epidemiological data implicating traffic exposure.* Inhal Toxicol (19), pp135-49.

35. Holguin F. (2008). *Tráfego, poluição do ar exterior e asma.* Immunol Allergy Clin North Am (28), pp 577-88.

36. Pope CA, Dockery DW (1992). *Acute health effects of PM10 pollution on symptomatic and asymptomatic children (Efeitos agudos na saúde da poluição PM10 em crianças sintomáticas e assintomáticas).* Am Rev Respir Dis (145), pp 1123-8.

37. Pope CA (1986). *Doença respiratória associada à poluição atmosférica comunitária e a uma siderurgia, Utah Valley.* Am J Public Health (79), pp 623-8.

38. Shangguan FQ, Zhang CX, Hu CQ, Li XP, Zhou J C (2010). *Estimativa das emissões de CO2 na indústria siderúrgica chinesa.* China Metall (20), pp 37-42.

39. Li BQ, Liu XY (2010). *Emissões de dióxido de carbono da China durante o processo de urbanização: factores de influência e políticas de redução.* Econ Res J (8), pp 66-78.

40. Ang BW, Lee SY (1994). *Decomposição do consumo de energia industrial: Some methodological and application issues.* Energy EconS; 16(2), pp 83-92.

41. Lin Boqiang (2015). *Emissões de carbono da indústria de energia intensiva na China: Evidence from the iron & steel industry.* Renewable and Sustainable Energy Reviews (47), pp 746-754.

42. Johns DO, Svendsgaard D, Linn WS (2010). *Análise da resposta concentração-respiratória entre asmáticos após exposições controladas de curto prazo ao dióxido de enxofre.* InhalToxicol (22), pp 1184-93.

43. Weinmayr G, Romeo E, De Sario M, Weiland SK, Forastiere F (2010). *Short-term effects of PM10 and NO2 on respiratory health among children with asthma or asthma like symptoms: a systematic review and meta-analysis.* Environ Health Perspect; 118(4), pp 449-57.

44. Dart, A.M., Kingwell, B.A. (2001). *Pressão de pulso - uma revisão dos mecanismos e da relevância clínica.* J. Am. Coll. Cardiol. (37), pp 975-984.

45. Sesso, H.D., Stampfer, M.J., Rosner, B., Hennekens, C.H., Gaziano, J.M., Manson, J.E., Glynn, R.J. (2000). *Systolic and diastolic blood pressure, pulse pressure, and mean arterial pressure as predictors of cardiovascular disease risk in men.*Hyperten- sion (36), pp 801-807.

46. Ebelt, S.T., Wilson, W.E., Brauer, M. (2005). *Exposição a componentes ambientais e não ambientais de partículas: uma comparação dos efeitos na saúde.* Epidemiology (16), pp 396-405.

47. SOrensen, M., Hoffman, B., Hvidberg, M., Ketzel, M., Jensen, S.S., Andersen, Z.J., TjOnneland, A., Overvad, K., Raaschou-Nielsen, O. (2012). *Exposição a longo prazo à poluição atmosférica relacionada ao tráfego associada à pressão arterial e hipertensão auto-relatada em uma coorte dinamarquesa.* Environ. Health Perspect. (120), pp 418-424.

48. Liu, L., Ruddy, T., Dalipaj, M., Szyszkowicz, M., You, H., Poon, R., Wheeler, A., Dales, R. (2007). *Influence of personal exposure to particulate air pollution on cardiovascu-lar physiology and biomarkers of inflammation and oxidative stress in subjects with diabetes.* J. Occup. Environ. Med. (49), pp 258-265.

49. Liu. L, Kauri. L. M, Mahmud. M et al, (2014). *Exposição à poluição do ar perto de uma fábrica de aço e efeitos na fisiologia cardiovascular: Um estudo cruzado randomizado.* Revista Internacional de Higiene e Saúde Ambiental (217), pp 279-286.

50. Basileia, Birkhauser (1989). *Medicina social e preventiva.* U.O: SpringerLink.

51. Evans, G.W., Maxwell, L. (1997). *Exposição crónica ao ruído e défices de leitura: os efeitos mediadores da aquisição de línguas.* U.O: ambiente e comportamento.

52. Hay, B. (1981). *Níveis máximos admissíveis de ruído no local de trabalho na CEE, em Espanha, em Portugal e na Turquia.* App. Accoust, pp 61-69.

53. Katyal, Timmy. Satake, M. (1989). *Environmental pollution.* Anomal publications, Nova Deli, pp 219.

54. Lehman, G., J, Tamm (1956). *Alterações da dinâmica circulatória de homens em repouso sob os efeitos do ruído.* Intl. Z AngewPhysiolo. pp 217-227.

55. Singal, SP. (2005). *Noise pollution and control strategy (Poluição sonora e estratégia de controlo).* Narosa publication house, New Delhi India, pp 103-106.

56. Gielen. D. (2003). *Remoção de CO2 na indústria do ferro e do aço.* Energy Conversion and Management (44), pp 1027-1037.

57. AIE. *Coal information. Paris*: Agência Internacional da Energia; 2000.

58. WRI. *Recursos mundiais 2000-2001.* Washington, DC: World Resources Institute; 2000.

59. David J, Herzog H (2000). *O custo da captura de carbono. In: Quinta Conferência Internacional sobre Tecnologias de Controlo de Gases com Efeito de Estufa, Cairns, Austrália.* pp 13-16.

60. AIE. *Captura de dióxido de carbono em centrais eléctricas.* Programa de I & D sobre gases com efeito de estufa; 1996.

61. IISI (1998). *Energy use in the iron and steel industry (Utilização de energia na indústria do ferro e do aço)*. Bruxelas: Instituto Internacional do Ferro e do Aço.

62. IISI. Estatísticas do aço; 2001. Disponível em: http://www.worldsteel.org/.

63. Jager, J., (1993). *Emissões de PCDD/F e PCB de instalações de produção, transformação e recuperação de aço com diferentes níveis de entrada*. Toxicol. Environ. Chem.(40),pp 201.

64. Lahl, U., (1993). *Instalações de sinterização da indústria siderúrgica, a mais importante fonte térmica de PCDD/F nas regiões industrializadas*? Organohalogen Compd. (11),pp 311.

65. Buekens. A., Stieglitz. L. (2001). *Dioxinas de processos térmicos e metalúrgicos: estudos recentes para a indústria do ferro e do aço*. Chemosphere (42), pp 729-735.

66. Fisher, R., Anderson, D.R., Pearson, S.L., Quinn, P., (1997). *Caracterização das libertações de dibenzo-pdioxinas policloradas e dibenzofuranos de siderurgias integradas no Reino Unido*. Organo halogen Compounds (31), pp262-267.

67. Fisher, R., Anderson, D.R., Fray, T.A.T., (1998). *Investigação da formação de dioxinas no processo de sinterização. In: Proc. 2nd International Congress on the Science and Technology of Iron making in Conjunction with the 57th Iron making Conference of the Iron and Steel Society, Toronto, Canadá.*

68. Wang. T, Devid. R, (2003).*Estudos sobre a formação de dioxinas no processo de sinterização utilizado na indústria do ferro e do aço. Caracterização de perfis de isómeros em emissões de partículas e gasosas.* Chemosphere (51), pp 585-594.

69. Alliance for American Manufacturing (2009). *An assessment of environmental regulation of the steel industry in China (Avaliação da regulamentação ambiental da indústria siderúrgica na China). Alliance for American Manufacturing.*

70. Zhang. S, Worrell. E, (2014). *Co-benefícios da melhoria da eficiência energética e da redução da poluição atmosférica na indústria siderúrgica chinesa.* Energia (78), pp 333-337.

71. Hengstler, G.J., Bolm-Audorff, U., Faldum, A., Janssen, K., Reifenrath,M., Gotte, W., Jung, D., Mayer-Popken, O., Fuchs, J., Gebhard, S., Bienfait, H.G., Schlink, K., Dietrich, C., Faust, D., Epe, B., Oesch, F., (2003). *Exposição profissional a metais pesados: A indução de danos no ADN e a inibição da reparação do ADN provam que as co-exposições ao cádmio, cobalto e chumbo são mais perigosas do que se esperava até agora*. Carcinogenesis (24), pp 63-73.

72. Fortoul, T.I., Saldivar, L., Tovar, T.A., Salazar, D., Castilla, M.E., Olaiz-Fernandez, G., (1996). *Metais no tecido pulmonar de casos de autópsia em residentes da cidade de M'exico. Comparação entre casos da década de 1950 e da década de 1980*. Environ. Health Perspect. (104), pp 630632.

73. Valverde, M., Fortoul, T.I., Diaz-Barriga, F., Mejia, J., Rojas DelCastillo, E., (2000). *Indução de genotoxicidade por inalação de cloreto de cádmio em vários órgãos de ratinhos CD-1*. Mutagénese (2), pp 109-114.

74. Watjen, W., Cox, M., Baigioli, M., Beyersmann, D., (2000). *Apoptose induzida pelo cádmio em células de glioma C6: mediação pela ativação da caspase 9.* Biometals (15), pp *15-25.*

75. *Fortoul. T.I, Saldivar. L, Espejel-Maya. G, (2005). Inalação de cádmio, chumbo ou suas misturas, Efeitos na estrutura bronquiolar e sua relação com as concentrações teciduais do metal. Toxicologia e Farmacologia Ambiental (19), pp 329-334.*

76. *Agência de Proteção Ambiental dos EUA: Revisions to the National Ambient Air Quality Standards for Particulate Matter (Revisões das normas nacionais de qualidade do ar ambiente para partículas). Registo Federal de 1 de julho, (1987).*

77. *Dassen W, Brunekreef B, Hoek G, Hofschreuder P, Staatsen B, de GroutH, Schouten E, Biersteker K. (1986). Declínio da função pulmonar das crianças durante um episódio de poluição atmosférica. J Air Pollut Control Assoc (36), pp1223-1227.*

78. *Dockery DW, Ware JH, Ferris BG Jr, Spierzer FE, Cock NR, e HermanSM (1982).Change in pulmonary function in children associated with air pollution episodes. J Air Pollut Control Assoc,(32), pp937-942.*

79. *Ware JH, Ferris BG Jr, Dockery DW, Spengler JD, Stram DO, SpeizerFE (1986).Effects of ambient sulfur oxides and suspended particulates on respiratory health of preadolescent children. Am Rev Respir Dis. (133), pp834-842.*

80. *Papa III. C.A. (1988). Doenças respiratórias associadas à poluição atmosférica comunitária e a uma siderurgia, no Vale do Utah. American Journal of Public Health vol. (9), pp 623-628.*

81. *Kemp, D.D. (1998). The environment dictionary London: Routledge, pp 129. Recuperado em 23 de dezembro de 2011 de Questia.com*

82. *Poluição (2011). In encyclopedia Britannica. Recuperado em dezembro, 2011 de:* www.britannica.com

83. Santos, M.A (1990). *Managing planet earth: perspective on population, ecology, and the law Westport.* CT: bergin and gravey, pp 41.

84. Lei de Gestão Ambiental, S.B.C. (2003), capítulo 53.

85. Narayanam. P. (2007). *Poluição ambiental (princípios, análise e controlo).* Pp 47-121.

86. Chiras. D.D. (8th .Ed). Ciências do ambiente. Pp 406-422.

87. Kupchella. C.E, Hyland, M.C. (3rd Ed). A ciência do ambiente no sistema natural. Pp 270-283.

88. Rumley, A.,et al.(2006).*Effects of older age on fibrin D-dimer, C-reactive protein, and other hemostatic and inflammatory variables in men aged 60-79 years*.J. Thromb. Haemost. (4),pp982-987.

89. Quarck,R.,etal., (2009).*Proteína C-reactiva: um novo preditor de resultados adversos na hipertensão arterial pulmonar.* J. Am. Coll. Cardiol. (53),pp1211-1218.

90. Yang, T.H.,etal.,(2015).*Exposição pessoal a partículas e inflamação em pacientes com doença periodontal.* Sci. Total Environ. (502),pp585-589.

91. Carugno. M, Consonni. D, Randi, G, et al. (2016). *Exposição à poluição do ar, mortes e hospitalizações por causas específicas numa região italiana altamente poluída*. Investigação Ambiental (147), pp415-424.

92. Benoff, S., A. Jacob e I.R. Hurley (2000*). Male infertility and environmental exposure to lead and cadmium (Infertilidade masculina e exposição ambiental ao chumbo e ao cádmio).* Human Reproduction Update (6), pp107-121.

93. Caselles, J., C. Colliga e P. Zornoza (2002*). Avaliação da poluição por elementos vestigiais provenientes de emissões de veículos em plantas de Petúnia.* Water Air Soil Pollut.(136), pp 1-9.

94. Curtis, L., W. Rea, P. Smith-Willis, E. Fenyves e Y. Pan (2006). *Adverse health effects of outdoor air pollutants (Efeitos adversos na saúde dos poluentes do ar exterior).* Environ. Intern. (32), pp 815-830.

95. Hu, H. (2002).*Saúde humana e exposição a metais pesados. In: Life support: The environment and human health* (Ed.: M. McCally). MIT Press.

96. Jayaraman, G.N. (2007).*Air quality and respiratory health in Delhi (Qualidade do ar e saúde respiratória em Deli*). Environ.Monit. Assess DOI 10.1007/s 10661-007-9651-0.

97. Kaushik, C.P., K. Ravindra e K. Yadav (2006*). Avaliação da qualidade do ar ambiente nos centros urbanos de Haryana (Índia) em relação a diferentes actividades antropogénicas e riscos para a saúde.* Environ. Monit. Assess.122, 27-40.

98. Maitre, A., V. Bonneterre, L. Huillard, P. Sabatier e R. Gaudemaris (2006). Impact of urban atmospheric pollution on coronary disease (Impacto da poluição atmosférica urbana na doença coronária). European Heart J.(27), pp 22752284.

99. Manalis, N., G. Grivas, V. Protonotarios, A. Moutsatsou, S. Samara e A. Chaloulakou (2005).*Teor de metais tóxicos na matéria particulada (PM10), na Grande Área de Atenas.* Chemosphere, (60), pp 557-566.

100. Sharma, K., R. Singh, S.C. Barman, D. Mishra, R. Kumar, M.P.S. Negi, S.K. Mandal, G.C. Kisku, A.H. Khan, M.M. Kidwai e S.K. Bhargava (2006). *Comparação de traços*

concentração de metais em PM10 de diferentes localizações da cidade de Lucknow. Boletim Environ. Contam. Toxicol. (77), pp 419-426.

101. Sagai, M., A. Furuyama e T. Ichinose (1996). *Efeitos biológicos das partículas de escape dos motores diesel (DEP). III. Patogénese de sintomas semelhantes aos da asma em ratos*. Free Rad. Biol. Med. (21), pp 199-209.

102. Barman. S.C., Kumar, N., Singh. R., et al. (2010). *Avaliação da poluição atmosférica urbana e do seu provável impacto na saúde.* Jornal de Biologia Ambiental 31(6). Pp 913-920.

103. Hussain, M.Z, Tarnizi, R.S.H., Zainal, Z., Ibrahim, R. e Badri (1996). *Preparação e caraterização de carbonos activos a partir de cascas de óleo de palma.* Carbono 34(11), pp 1447-1453.

104. Shiru e Niu (2011*). Industrial pollution in developing countries: environmental health hazards (Poluição industrial nos países em desenvolvimento: riscos para a saúde ambiental). Obtido do sítio Web da*

Organização Internacional do Trabalho, Genebra, http//www.ilo.org/oshenc/part-vii/environmental-health-hazards/item/497-industrial- pollution-in-developing-countries.

105. NESPAK (2004). *Plano diretor integrado para Lahore-2021*, relatório final, Lahore: Autoridade de Desenvolvimento de Lahore (LDA).

106. Centro Meteorológico de Lahore (2015). *Relatório de temperatura, precipitação e humidade de Lahore.*

107. Rohilla, P. (2010). *Research methodology*. Nova Deli: S. b. Nanggia.

108. QLD, D. o. I. a. P. (2008). *Ficha informativa sobre a população e a habitação da cidade de Brisbane.*

109. Wang, Qi. (2008). *Aplicação da análise relacional cinzenta e da análise hierárquica de clusters na poluição sonora ambiental regional.* IEEE Xplore, edição de 18-20 de novembro de 2007, pp 336-340.

110. Beelen, R., Raaschou-Nielsen, O., Stafoggia, M., (2013). *Efeitos da exposição a longo prazo à poluição atmosférica na mortalidade por causas naturais: uma análise de 22 coortes europeias no âmbito do projeto multicêntrico ESCAPE.* Lancet 383, pp 785-795.

111. Loomis, D., Grosse, Y., Lauby-Secretan, B., El Ghissassi, F., Bouvard, V., Benbrahim-Tallaa, L., Guha, N., Baan, R., Mattock, H., Straif, K., (2013). *Em nome do Grupo de Trabalho da Monografia da Agência Internacional de Investigação do Cancro IARC, Lyon, França.* Lancet Oncol. 14, pp 1262-1263.

112. Jalaludin, B., Morgan, G., Lincoln, D., Shappeard (2006). *Associações entre a poluição do ar ambiente e as idas diárias ao serviço de urgência por doenças cardiovasculares em idosos (65+ anos), Sydney, Austrália.* Journal Exposure Science and Environmental Epidemiology 16, (3), pp 225-237.

113. Khaled Ahmad Ali, (2010). *Mapeamento baseado em SIG e análise estatística da poluição atmosférica e da mortalidade em Brisbane, Austrália.* Universidade de Tecnologia de Queensland.

Apêndices

APÊNDICE (A)

Tabela No. 1. Nomes e localizações da indústria do ferro e do aço

Não.	Nomes e endereços da indústria do ferro e do aço
01	M/s Malik Hafiz steel Re-Rolling Mills, Shadi pura Bhani road, Lahore.
02	M/s Ashfaq Steel Re-Rolling Mills, Bhani Road Shadi pura, Lahore.
03	M/s Haji Ilyas Steel Re-Rolling Mills, Bhani Road Shadi pura, Lahore.
04	M/s Shahid Imtiaz Steel Re-Rolling Mills, Bhani Road Shadi pura, Lahore.
05	M/s Mashallah Steel Re-Rolling Mills, Bhani Road Shadi pura, Lahore.
06	M/s Asif Molding Unit Zatoon Colony, Darogha wala, Lahore.
07	M/s Malik Shahid Yousaf /Shahid Kamran Steel Re-Rolling Bhani Road, Lahore.
08	Waseem Brother Steel Re-Rolling Mills Bhani Road, Lahore.
09	M/s Chand Brothers (Yaseen) Re-Rolling Mills Lakhodair Road, Lahore.
10	M/s Chand Brothers (Yaseen) Re-Rolling Mills Lakhodair Road, Lahore.
11	M/s Bajwa Steel Re-Rolling Mills, Lakhodare Road, Unit -11 Lahore.
12	M/s Sultan Re-Rolling Mills peer Road Lakhodore Lahore.
13	M/s Mian Imran Re-Rolling Mills Iqbal Nagar Lakhodair Lahore.
14	M/s Karamat Re-Rolling Mills Bhani Road, Lahore.
15	M/s Subhan Foundry Bhani Road, Lahore.
16	M/s Imtiaz Re-Rolling Mills Bhani Road, Lahore.
17	M/s Shahid Steel Re-Rolling Mill Bhani Road, Lahore.
18	M/s Madani Re-Rolling Mills peer Road Lakhodoair Lahore.
19	M/s Fiaz Re-Rolling Mills Karol Ghatti Ring Road, Lahore.
20	M/s Faridia Steel Re-Rolling Mill Sultan Mehmood Road Shalimar Town, Lahore.
21	M/s Ammar Steel Re-Rolling Mill Sultan Mehmood Road Shalimar Town, Lahore.
22	M/s Lucky Steel Re-Rolling Mills Karol Ghatti Stop, Lahore.
23	M/s Arif Steel Re-Rolling Mill Sultan Mehmood Road Shalimar Town, Lahore.
24	M/s Haji Sharif Steel Re-Rolling Mills Bhani Road, Lahore.
25	M/s Mushtaq Steel Re-Rolling Mill Ring Road Lahore.
26	M/s Asad Steel Re-Rolling Mill Ring Road Lahore.
27	M/s S.A Steel Re-Rolling Mill Moman pura Road, Daroghawala, Lahore.
28	M/s S.J. Steel Furnaces Mill Main Darogha wala Road, Lahore.
29	M/s TM steel Re-Rolling Mills, paragem principal da casa da moeda, Shalimar town, Lahore.
30	M/s Fine steel Re-rolling Mills, Moman Pura, Lahore.
31	M/s Abid steel Re-rolling Mills, Shadi pura Bhani road, Lahore.
32	M/s Madina steel Re-Rolling Mills, main Shadi pura, Lahore.

33	M/s Ghulzar Steel Re-Rolling Mills Bhani Road, Lahore.
34	M/s Malik Quasar Steel Re-Rolling Centre Mills Bhani Road, Lahore.
35	M/s Tariq Steel Furnace Main Ring Road Bund Road, Lahore.
36	M/s Rana Safdar Steel Re-Rolling Mills, Main Ring Road, Lahore.

APÊNDICE (B)

Quadro n.º 2. Poluentes industriais e nível de ruído

Não.	PM (mg/Nm)^3	NOx (mg/Nm)^3	SO_2 (mg/Nm)^3	CO (mg/Nm)^3	Ruído (dB)
01	1257	142	3880	2224	98
02	1680	210	1032	2450	90
03	748	148	1040	1448	100
04	1246	196	2196	3456	100
05	1480	410	2040	1880	98
06	610	210	404	856	95
07	1346	196	1894	1478	98
08	987	96	428	1362	98
09	1340	104	510	980	90
10	880	410	1740	1412	80
11	1048	214	1860	1238	95
12	1040	840	2175	1834	100
13	964	1310	1890	1470	96
14	1422	840	1980	1346	96
15	1004	210	1810	1220	99
16	1630	1450	2014	3610	85
17	3207	830	2045	2810	100
18	1780	1150	1880	1610	100
19	920	610	1890	1420	95
20	1280	248	1810	1380	75
21	1160	206	1420	1250	80
22	1310	301	1720	1230	94
23	1420	410	1810	976	78
24	1264	104	1880	1096	82
25	996	106	1306	1270	90
26	1860	98	1470	1590	95
27	2350	108	1860	2014	88
28	2680	134	3169	875	79
29	2320	156	2365	1500	88
30	1531	180	2337	1008	89

31	1531	180	2337	1008	100
32	2117	180	2430	1540	94
33	1520	2014	1200	1840	98
34	1380	1000	150	1510	96
35	1482	104	110	2030	98
36	1178	108	118	1090	100

APÊNDICE (C)

QUESTIONÁRIO

Distribuição espacial dos poluentes libertados pela indústria do ferro e do aço e seus efeitos na saúde humana.

Número de série ______

Data: Nome do inquirido

1. Informações de carácter geral

1. Local de residência...

2. Qualquer cintura verde (parques ou jardim).........

3. Sexo: Masculino□ Feminino□

4. Idade do inquirido ....

5. Nível de escolaridade:

Analfabeto□ Primário□ Médio□ Matricial□ F.A □ B.A □ M.A □

Religioso□

6. Padrão de vida. Baixo□ Médio□ Alto□

2. Há quanto tempo vive neste local?.....................................

3. Tem conhecimento dos poluentes atmosféricos libertados pelas indústrias? Sim □ Não □

4. Em caso afirmativo, o que pensa que estes poluentes são prejudiciais para a saúde humana? Sim □ Não □

5. Na sua opinião, qual é a causa básica da poluição sonora e atmosférica? Tráfego □ indústrias □ outro□

6. Tem conhecimento do ruído produzido pelas indústrias? Sim □ Não □

7. As fábricas nas zonas não comerciais são causa de poluição sonora? Sim □ Não □

8. Em que estação sente mais poluição? verão□inverno□

9. Acha que a utilização de tecnologia antiga causa mais poluição sonora e atmosférica? Não□ sim□

10. Você ou algum membro da sua família sofre das seguintes doenças causadas pela poluição sonora? Assinale a opção correta.

Doenças	Sim	não	Em caso afirmativo, a duração
Redução da eficiência do trabalho			
Aumentar a raiva			
Dor de ouvido			
Corrimento auditivo			
Dor de cabeça			
Tensão arterial elevada			
Falta de concentração			
Interferir na comunicação			
Cansaço			
Depressão			
Perda de audição temporária			
Insónia ou falta de sono			
Hipertensão			

11. Já fez algum teste à sua audição? Não□ sim□

12. Você ou algum membro da sua família sofre das seguintes doenças causadas pela poluição atmosférica.

Assinale a opção na caixa

DOENÇAS	SIM	Não	Em caso afirmativo, a duração
Garganta inflamada ou tosse			
Problema respiratório			
Problema respiratório ou asma			
Problema de estômago			
Dor de cabeça			
Frequência de pulso elevada			
Infeção do nariz ou obstrução nasal			
Qualquer tipo de alergia (pele, olhos, espirros, tosse, etc.)			

13. Já alguma vez consultou um médico por causa desta/estas doenças? Não□ sim□

14. O(a) senhor(a) ou algum membro da sua família sofre das seguintes perturbações fisiológicas?

Perturbações de ansiedade	Sim	Não	Em caso afirmativo, a duração
Sentir falta de ar			
Sentir-se sufocado			

15. A poluição industrial afecta a minha vida quotidiana? Não□sim□

16. A poluição industrial afecta a minha situação financeira? Não□sim□

17. A poluição industrial estraga a minha casa e a minha roupa? Não□ sim□

18. As partículas de fuligem entram em minha casa devido à poluição industrial? Não□ sim□

19. Sinto mais secura na minha pele e arredores? Não□ sim□

20. Utilizo proteção auricular para a poluição sonora? Não □ sim □

21. Que tipo de medidas foram tomadas para a proteção contra a poluição sonora e atmosférica?

MIX
Papier aus verantwortungsvollen Quellen
Paper from responsible sources
FSC® C105338

Printed by Books on Demand GmbH, Norderstedt / Germany

Josué NTUMBA NTUMBA

Diagnóstico e avaliação da tuberculose

AF670077

Josué NTUMBA NTUMBA

Diagnóstico e avaliação da tuberculose

pelo método de coloração de Zhiel Nielsen em Lubumbashi

ScienciaScripts

Cover image: www.ingimage.com

This book is a translation from the original published under ISBN 978-620-6-73016-3.

Publisher:
Sciencia Scripts
is a trademark of
Dodo Books Indian Ocean Ltd. and OmniScriptum S.R.L publishing group

120 High Road, East Finchley, London, N2 9ED, United Kingdom
Str. Armeneasca 28/1, office 1, Chisinau MD-2012, Republic of Moldova, Europe
Managing Directors: Ieva Konstantinova, Victoria Ursu
info@omniscriptum.com

Printed at: see last page
ISBN: 978-620-8-62436-1

EPIGRÁFICO

" Olhar para cima, aprender mais além; procurar subir cada vez mais alto "

Louis Pasteur

" Sim, a bondade e a misericórdia me seguirão todos os dias da minha vida, e habitarei na casa do Senhor até o fim dos meus dias.

Salmo 23:6

DEDICAÇÃO

Ao Senhor dos Exércitos, Deus Todo-Poderoso, meu tudo em tudo, condição da minha existência, por me ter protegido e apoiado em todas as provações que encontrei ao longo da minha formação intelectual.

AGRADECIMENTOS

Esta obra, tão imperfeita como qualquer obra humana, é o culminar de longos anos de trabalho, de resistência e de perseverança em busca dessa recompensa. É o fruto de um esforço considerável, feito com o objetivo de obter honrosamente uma recompensa bem merecida.

Gostaria de expressar os meus mais profundos agradecimentos a : Ao Professor Dr. Christophe NYEMBO MUKENA que apesar das suas muitas outras tarefas quotidianas, aceitou ceder algum do seu tempo para nos supervisionar com ardor, responsabilidade e amor na realização deste trabalho.

Ao Dr. Sosthene Kalwaba, por ter co-dirigido este trabalho, para além das suas muitas ocupações profissionais. Ao corpo docente e a todos os professores da Faculdade de Medicina da Universidade de Lubumbashi, que contribuíram para a minha formação e a quem expresso a minha gratidão.

Aos meus pais : Caleb MBIYE NTUMBA e Esther MBIYE BAMANA, pelo seu amor, apoio, confiança, educação marcada pela disciplina, respeito e humildade, e pelas suas orações.
Que o Altíssimo lhes dê longa vida e me conceda a graça de os honrar.

Aos meus falecidos avós : Dr. Léopold MBIYE LUKUSA KONDO e Hélène MBUYI KAZADI, cuja simplicidade, lealdade, honestidade e dedicação fazem deles modelos para a família. Para além do seu falecimento, esta obra é verdadeiramente uma honra e um motivo de orgulho para eles.

A todos os meus tios e tias, e em particular a : Louis TSHIMWANGA, Liliane MBIYE, Bea MBIYE, Colombo MANGALA, Nicole MBIYE a quem nunca encontrarei palavras suficientes para exprimir a minha gratidão e o meu profundo apreço por tantos sacrifícios feitos em meu nome: Mamou MBUYI, Sandra NGOIE, Gédeon MBIYE, Rachel MBIYE, Myriam Mbiye, Dorcas MBIYE, Sarah MBIYE, Isaac MBIYE, Sharon MBIYE, Janine TSHABENDE,

Laurent NSANGWA, Timothée NGINGIDI, Daniel MUBIALA.Aos meus colegas estudantes e amigos, nomeadamente : Aldehyde KAYA, Morgan MAKUSUDI, Dieudonné TAWABA, Tonton TSHIKANGU, Brandy NGIYA, Clément NDUMBI, Nelly SANGWA, Fabrice TSHIBANGU, Diane SAMBWE, Cynthia OTIKE, Léon MUWAKA, Ezéchiel NSOMBE, Pierre KIDASI, Peguy GOMBO, Fely BAKADIPANDA, Erick NGANDU, David ANGA, Danny KAPAPA, Christel NKATA, Alice NTUMBA, Pierre NTUMBA...

A todas as outras pessoas que não são aqui mencionadas pelo nome, mas que me são queridas e que, através do seu amor e bondade, deram, sem dúvida, o seu contributo. Os meus pensamentos especiais vão para as minhas irmãs Ruth MBIYE e Rebecca MBIYE, que já não estão entre nós, e para os meus tios Ruben NZUNGU e Emery KALAMBA, a quem gostaria de prestar homenagem.

RESUMO

O aparecimento de novas doenças infecciosas e a reemergência de agentes patogénicos que se pensava estarem sob controlo é um problema mundial. Atualmente, as viagens são cada vez mais fáceis. Qualquer parte do mundo pode ser confrontada com o aparecimento de uma nova doença ou de um novo agente patogénico que se pode propagar em circunstâncias favoráveis. A posição geográfica de Lubumbashi, no cruzamento de várias cidades, torna-a mais vulnerável a este tipo de problema. A tuberculose é uma infeção bacteriana contagiosa, cuja situação epidemiológica atual é alarmante nos países em desenvolvimento; por outro lado, está novamente a aumentar nos países desenvolvidos, devido, em particular, à síndrome da imunodeficiência adquirida. Nesta perspetiva, decidimos utilizar o método de coloração de ZHIEL NEELSEN para descrever os aspectos baciloscópicos da tuberculose observados durante um episódio na população de Lubumbashi. Realizámos um estudo descritivo retrospetivo, de janeiro de 2014 a dezembro de 2015, em 605 casos de pacientes admitidos no departamento de laboratório do hospital da Société Nationale des Chemins de Fer du Congo (SNCC). A proporção entre os sexos foi de 1,8 e o grupo etário mais afetado foi o dos 26 aos 56 anos, representando 46,5% dos doentes. A idade média dos doentes era de 22 anos. Verificámos que mais de três quartos dos doentes, ou seja, 87,8%, tinham uma baciloscopia negativa. A maioria dos pacientes do nosso estudo provinha da comuna de Kampemba (44%). Tendo em conta os nossos resultados e, em particular, a fraqueza observada no controlo e no seguimento, pensamos que a tónica deve ser colocada na educação da população e na formação do pessoal de saúde para o tratamento da tuberculose.

INTRODUÇÃO GERAL

A tuberculose é uma doença infecciosa contagiosa, endémica e epidémica muito antiga, cuja unidade nosológica e causa real só são conhecidas desde o século XIX. Para além da tuberculose pulmonar, que representa 90% das infecções causadas pelas micobactérias do complexo tuberculoso, estas bactérias infectam igualmente zonas exteriores aos pulmões, nomeadamente os órgãos genitais, as meninges, os gânglios linfáticos, os rins, os ossos, as cavidades miliares, etc. **(Carbonelle et al, 2003; Helari e Vergez, 1993).**

É essencialmente transmitida de pessoa para pessoa e é atualmente um flagelo mundial em crescimento. Tem um perfil global elevado porque é mais prevalente nos países em desenvolvimento, que representam 9/10 da população mundial. Consequentemente, é atualmente a causa principal de morte por doenças transmissíveis (**Pierre et al, 2004**).

A OMS calcula que cerca de 2 mil milhões de pessoas em todo o mundo estão infectadas com bacilos vivos que mantiveram a sua capacidade de colonização e propagação. Vinte milhões dessas pessoas são portadoras de tuberculose ativa, o que significa que estão a colonizar e a propagar os bacilos. Todos os anos, quase 1,8 milhões de pessoas com tuberculose morrem. Além disso, surgem todos os anos 8,8 milhões de novos casos de tuberculose, dos quais mais de 3 milhões são considerados contagiosos. Entre estas pessoas infectadas, a OMS identificou 4 milhões de casos de tuberculose pulmonar baciloscópica positiva (**Pierre et al, 2004**). A tuberculose representa um pesado encargo económico porque, para além da sua distribuição geográfica desigual, que revela uma maior incidência na Ásia, a OMS mostra que, nos países em desenvolvimento, a doença afecta predominantemente os grupos etários economicamente mais activos. Atualmente, a desigualdade das situações epidémicas, a exposição aos factores de risco e as estratégias anti-tuberculose fazem com que haja uma distinção clara entre :

- países com baixa prevalência, geralmente industrializados, onde o principal objetivo pode ser a eliminação da doença.
- países com elevada prevalência, geralmente países em desenvolvimento, onde o objetivo principal é controlar a doença.

A África Subsariana, que representa cerca de 11% da população mundial, registou 24% dos casos de tuberculose, 26% dos quais eram tuberculose. doença pulmonar contagiosa. A incidência estimada de tuberculose contagiosa é, em média, de 62,6 por 100.000 habitantes a nível mundial; na África Subsariana, é de 149 por 100.000 habitantes **(Pierre et al., 2004).**
Na República Democrática do Congo (RDC), foram registados mais de 100.000 casos, que estão a ser objeto de acompanhamento médico; mais de 85% dos novos casos contagiosos afectam a faixa etária dos 15 aos 54 anos, com predominância de homens (**Harrils et al, 1996).** Esta faixa etária, sublinha-se, corresponde também à idade em que a transmissão do VIH/SIDA é mais elevada. A doença provoca 2 ou 3 meses de ausência ao trabalho ou à escola, contribuindo significativamente para a quebra de produtividade do país e justificando o seu pesado encargo económico. Entre os 22 países mais afectados pelo VIH/SIDA, a RDC ocupa a 11ª posição e a 5ª em África.

Ao nível da coordenação provincial da luta contra a tuberculose no Katanga Sul, a incidência da tuberculose em 2010 foi estimada em 0,18% para uma população estimada em 3.636.747 habitantes, e a taxa de mortalidade entre os novos casos de tuberculose com microscopia positiva foi estimada em 5% para 3.687 casos registados durante o mesmo ano (**Relatório Anual 2010**).

O diagnóstico continua a basear-se fortemente na microscopia da expetoração, que não é adequada para uma grande parte dos doentes. A eficácia da vacinação BCG é muito limitada. Além disso, o número de casos detectados está a aumentar devido à exposição a factores de risco que são ignorados e negligenciados.

Foi isto que nos levou a realizar o estudo sobre a tuberculose e a estabelecer os seguintes objectivos no nosso trabalho:

□ Objectivos gerais: Descrever os aspectos biológicos, utilizando o método de coloração de Ziehl Nielsen, observados durante um episódio de tuberculose na população de Lubumbashi.

□ **Específico**:

- Avaliar a eficácia do método de Ziehl no diagnóstico e tratamento da tuberculose.
- Efetuar uma avaliação biológica da evolução da doença.
- determinar o número de casos de tuberculose com baciloscopia positiva e negativa no hospital do SNCC.

Trata-se de um estudo transversal retrospetivo, baseado nos resultados da coloração da expetoração pelo método de Ziehl Nielsen, recolhidos no laboratório do hospital SNCC em Lubumbashi.

Dividimos o nosso trabalho em duas partes:

- o Uma secção teórica, com informações gerais sobre a tuberculose, o agente patogénico, o diagnóstico e o tratamento.
- o Uma secção prática, que inclui uma descrição do quadro de investigação, os materiais e métodos utilizados, uma apresentação dos resultados, uma discussão e comentários, e uma conclusão.

Por último, um certo número de recomendações encerra este trabalho.

PARTE I
CONSIDERAÇÕES TEÓRICAS

CAPÍTULO I

INFORMAÇÕES GERAIS

1. DEFINIÇÃO DE TUBERCULOSE

A tuberculose é uma doença infecciosa transmissível e contagiosa causada por uma micobactéria do complexo tuberculoso, que corresponde a vários germes e, principalmente, **a Mycobacterium tuberculosis** ou bacilo de Koch (**Pierre et al, 2004**).

2. EPIDEMIOLOGIA

A tuberculose continua a ser uma doença generalizada; 7 milhões de pessoas estão infectadas em todo o mundo, 3/4 das quais vivem em países em desenvolvimento. Todos os anos são registados 3,5 milhões de novos casos contagiosos e estima-se que o número de pessoas infectadas anualmente se situe entre 5 e 8 milhões. Cerca de 2 a 3 milhões de pessoas continuam a morrer de tuberculose todos os anos. Com uma população de mais de 65 milhões de habitantes e uma incidência de tuberculose pulmonar estimada em mais de 150 casos por 100.000 habitantes, a RDC é um dos 22 países mais afectados do mundo. Segundo um relatório da OMS publicado no final de 2011, a RDC ocupa o décimo primeiro lugar entre os 22 países mais afectados pela tuberculose no mundo e o quinto em África. A escassez de medicamentos e as greves da classe médica estão, por vezes, na origem do aumento da taxa de incidência da doença, argumentou um antigo doente de tuberculose (**Pierre et al, 2004**).

3. ETIOLOGIA

A tuberculose é a doença causada pelo Mycobacterium tuberculosis, isolado por Robert Koch em 1882 (bacilo de Koch: BK). O Mycobacterium africanum é uma variedade que se encontra por vezes na África Ocidental e que é frequentemente resistente à tiocetazona. O Mycobacterium bovis é responsável pela tuberculose no gado doméstico e selvagem, e raramente pode ser transmitido aos seres humanos através de leite não pasteurizado ou não fervido. Estas três espécies de bacilos são micobactérias tuberculosas e constituem o "complexo da tuberculose". Diz-se que estas bactérias são **ácido-alcoólicas-resistentes, o** que significa que, uma vez coradas com fucsina ou um fluorocromo como a auramina ou a rodamina, não podem ser descoloradas por ácidos ou álcool. Trata-se, portanto, de uma propriedade tinctorial que constitui a base da coloração de Ziehl-Nielsen (**Jean et al, 1992**).

4. PATOGENIA

A tuberculose é uma doença bacteriana, contagiosa principalmente por via aérea. Transmite-se de pessoa a pessoa. Em casos excepcionais, os bacilos podem ser transmitidos ao homem através do leite não esterilizado de uma vaca doente. A tuberculose pode afetar qualquer tecido do corpo. A tuberculose pulmonar é a mais comum; a tuberculose extra-pulmonar é mais rara. Apenas a tuberculose pulmonar é contagiosa (**Nadia e Donald, 1999**).

4.1. FONTES DE INFECÇÃO

O bacilo da tuberculose é um bacilo não telúrico cujo principal reservatório são os doentes com tuberculose pulmonar. De facto, estes doentes têm frequentemente "cavernas pulmonares" ricas em bacilos (100 milhões de bacilos para uma caverna com cerca de 2 cm de diâmetro).

O diagnóstico de tuberculose pulmonar é facilmente efectuado nestes doentes, uma vez que apresentam sempre sintomas respiratórios de longa duração: tosse e expetoração. O diagnóstico é simples, pois os bacilos presentes na expetoração são muito numerosos (mais de 5000 bacilos por mililitro) e podem ser detectados por exame microscópico direto de um esfregaço dessa expetoração.

Estes doentes são conhecidos como "baciloscopia positiva" e são a principal fonte de contágio ou transmissão da tuberculose (**Nadia e Donald, 1999**).

4.2. CONTAMINAÇÃO E INFECÇÃO PRIMÁRIA

Quando um doente que sofre de tuberculose pulmonar fala, e especialmente quando tosse ou espirra, dispersa à sua volta um aerossol constituído por gotículas de secreções brônquicas muco-purulentas, cada uma das quais contém alguns bacilos: estas são as gotículas infectantes. O número de gotículas infecciosas libertadas para a atmosfera por um doente é muito elevado quando tosse (3.500) ou espirra (1 milhão). Ao entrarem em contacto com o ar, estas gotículas secam à superfície e transformam-se em partículas muito leves, contendo ainda bacilos vivos, que permanecem no ar. suspensas no ar durante algum tempo. Numa sala fechada, as gotículas podem permanecer suspensas no ar durante muito tempo e os bacilos podem permanecer vivos durante várias horas no escuro: são as "partículas infectantes". A luz solar direta destrói rapidamente os bacilos, pelo que a ventilação e a luz solar nos quartos onde vivem os doentes com tuberculose reduzem o risco de contaminação das pessoas que vivem em contacto com eles. As pessoas que vivem ou dormem perto de uma pessoa com tuberculose estão expostas a inalar "partículas infectantes". Numa pessoa que inalou as "partículas infectantes", as partículas grandes depositam-se na mucosa da nasofaringe ou da árvore traqueobrônquica e são expelidas pelo sistema de depuração mucociliar. As partículas mais finas, com menos de um mícron de diâmetro, podem penetrar através dos bronquíolos até aos alvéolos de uma pessoa que ainda não esteja infetada. O risco de contágio é tanto maior quanto mais próximo for o contacto, porque está ligado à densidade dos bacilos no ar respirado. Isto significa que uma elevada proporção de crianças que vivem perto de uma fonte de contaminação será infetada. Todos estes fenómenos clínicos e imunológicos observados após a contaminação de um indivíduo saudável constituem a infeção primária da tuberculose. Esta confere um certo grau de imunidade ao indivíduo infetado. Na maioria dos casos, a infeção primária da tuberculose é assintomática e passa despercebida. Resulta numa conversão tuberculínica: a reação intradérmica à tuberculina do indivíduo, que era negativa antes da infeção, torna-se positiva 6 a 12 semanas após o contacto infetante. Esta conversão tuberculínica é a prova de uma infeção recente e reflecte a imunidade que daí resultou. A infeção de um indivíduo saudável com o bacilo da tuberculose, ou infeção primária, resulta no aparecimento de uma reação de hipersensibilidade retardada à tuberculina e imunidade mediada por células que ocorre mais de um mês após a primeira infeção com Mycobacterium tuberculosis (**Nadia e Donald, 1999**).

4.3. CRIAÇÃO DE AGREGADOS SECUNDÁRIOS

A infeção pára geralmente nesta fase. Mas antes que a imunidade se instale, os bacilos do foco infecioso inicial ou do gânglio linfático satélite são transportados e disseminados por todo o organismo por via linfática e depois sanguínea. Formam-se assim focos secundários, que contêm um número limitado de bacilos, nomeadamente nos gânglios linfáticos, nas serosas, nas meninges, nos ossos, no fígado, nos rins e nos pulmões. Logo que haja uma resposta imunitária, a maior parte destes focos curam-se espontaneamente. No entanto, alguns bacilos permanecem quiescentes em focos secundários durante meses ou anos. Diferentes causas susceptíveis de reduzir as defesas do organismo podem levar à reativação dos bacilos e à sua multiplicação num destes focos. Esta reativação é a causa de toda a tuberculose extra-pulmonar e de uma parte da tuberculose pulmonar, que se deve a uma reativação endógena. A tuberculose extra-pulmonar que ocorre e as formas raras de tuberculose generalizada (miliar com ou sem meningite) não constituem novas fontes de infeção (**Nadia e Donald, 1999**).

4.4. DOENÇA DA TUBERCULOSE PULMONAR

A tuberculose pulmonar ocorre numa pessoa previamente infetada em caso de contágio maciço e/ou imunodeficiência por um dos três mecanismos seguintes:

- ou, raramente, por agravamento progressivo do foco inicial da infeção primária;
- ou por reativação endógena de bacilos que permaneceram quiescentes após a infeção primária. Na ausência de tratamento e de imunodeficiência, este risco foi estimado em 5 a 10% nos 3 a 5 anos após a infeção primária e em 5% durante o resto da vida;
- ou por reinfeção exógena: os bacilos que causam esta tuberculose provêm de uma nova contaminação. A distribuição dos diferentes mecanismos depende da densidade das fontes de infeção numa comunidade: em países com um elevado número de fontes de infeção, a reinfeção exógena é frequente; em países com menos fontes de infeção, a reativação endógena é o mecanismo mais importante para a ocorrência da tuberculose pós-primária.

Qualquer que seja o mecanismo, a resposta imunitária secundária à infeção primária é insuficiente para impedir a multiplicação dos bacilos num foco que se torna o local da necrose caseosa. A sua liquefação e a evacuação caseosa através dos brônquios conduzem à formação de uma cavidade no pulmão: a caverna pulmonar (**Nadia e Donald, 1999)**.

4.5. EVOLUÇÃO DA DOENÇA E DO CICLO DE TRANSMISSÃO

O facto de a tuberculose pulmonar se desenvolver sem qualquer tratamento explica a perpetuação da doença: 30% dos doentes recuperam espontaneamente graças ao tratamento com Os doentes com tuberculose extra-pulmonar morrem ou recuperam espontaneamente, muitas vezes à custa de sequelas importantes que podem ser incapacitantes (**Nadia e Donald, 1999)**.

5. FISIOPATOLOGIA

Durante a infeção primária com o bacilo da tuberculose, as defesas imunitárias do hospedeiro imunocompetente são capazes de conter a infeção e evitar o aparecimento da doença na maioria dos casos. No entanto, em 5 a 10% dos casos, a infeção é reactivada, dando origem a uma tuberculose ativa e a um estado contagioso. As razões para esta reativação podem ser múltiplas e provavelmente não são todas conhecidas. A infeção por M. tuberculosis começa com a inalação de gotículas transportadas pelo ar que contêm alguns bacilos. Nos pulmões, as micobactérias são fagocitadas por macrófagos alveolares. A resposta pró-inflamatória local que se produz leva ao recrutamento de células mononucleares dos vasos sanguíneos circundantes, que formam uma estrutura à volta do macrófago infetado, o granuloma. A infeção é então contida, ficando o M. tuberculosis confinado a estas estruturas, mas não erradicado. É estabelecido um equilíbrio entre a sobrevivência da micobactéria e as defesas imunitárias do hospedeiro, que pode durar toda a vida do hospedeiro. Quando a infeção é reactivada, formam-se lesões caseosas no granuloma, nas quais as bactérias se replicam ativamente. Quando a cavitação atinge o lúmen dos alvéolos, o doente é contagioso e a bactéria pode propagar-se a outros órgãos.

6. ANATOMIA PATOLÓGICA

Identificámos dois tipos de lesões,

6.1. LESÃO EXSUDATIVA:

Neste caso, a reação inicial é uma reação inflamatória ligeira, com infiltração dos tecidos por polimorfonucleares e monócitos. Esta lesão pode resolver-se espontaneamente, evoluir para um tubérculo ou tornar-se caseosa. A caseificação é uma necrose específica da tuberculose. Reduz o tecido a uma substância amorfa e amarelada chamada caseum, que se assemelha ao queijo, daí o seu nome. Pode deixar uma cavidade residual, fibrose ou calcificação.

6.2. LESÃO PRODUTIVA:

É constituído por um tubérculo, o tecido de granulação, que tem um aspeto caraterístico. É composto por células epitelióides, que podem fundir-se para formar as células gigantes arredondadas de Langhans, contendo vários núcleos dispostos à volta da periferia. O tubérculo pode tornar-se caseoso, fibrosado ou calcificado (**Fattorusso e Ritter, 2006**).

7. DIAGNÓSTICO DA TUBERCULOSE

O início é geralmente gradual, com os sintomas a desenvolverem-se ao longo de algumas semanas:

- Os sinais funcionais não são específicos e podem sugerir qualquer outra doença respiratória: tosse e expetoração, por vezes acompanhadas de dor torácica e/ou dispneia. Mais raramente, ocorre hemoptise, um sinal mais alarmante que leva o doente a procurar assistência médica imediata (**Nadia e Donald, 1999**).
- Os sinais gerais incluem febre, especialmente à noite, suores noturnos profusos, anorexia e astenia. Estes sinais não são muito específicos; é a sua persistência, acompanhada de uma perda de peso acentuada, que preocupa o doente.

Os sintomas mais frequentes podem ser agrupados nas seguintes categorias seguintes:

- 3A: astenia, perda de peso e anorexia.

- 3 T: temperatura, tosse e transpiração (**Donald et al, 2000**).

Nesta parte do estudo, vamos analisar o diagnóstico da tuberculose com base nas formas clínicas e topográficas.

7.1. FORMULÁRIOS CLÍNICOS :

Aqui analisamos a tuberculose primária, a tuberculose granular e a tuberculose pulmonar crónica.

7.1.1. Infeção primária por tuberculose (TBC primária)

Trata-se da totalidade das manifestações clínicas, humorais e anatómicas de um organismo que entra em contacto com o bacilo da tuberculose pela primeira vez, geralmente por transmissão aérea (**Harrils et al, 1996**).

Caracteriza-se pelas seguintes formas:

- **A forma latente** é assintomática e a radiografia do tórax é normal.
- **A forma manifesta**: corresponde a uma síndrome gripal, a uma história de contágio e o TST (teste de reação aos toxóides) é frequentemente positivo. A radiografia do tórax pode mostrar um complexo primário de adenopatia (opacidade arredondada), que pode ser observada nos tubos paratraqueais, hilares ou brônquicos (neste caso, denominado cancro de inoculação).

7.1.2. Grânulos tuberculosos (TBC miliar)

Trata-se da irrupção maciça do BK (bacilo de Koch) na corrente sanguínea, afectando apenas os pulmões e/ou outros órgãos (olho, hepatoesplenomegalia, etc.). Trata-se, de facto, de uma forma de tuberculose com disseminação hematogénica, frequentemente aguda, caracterizada pela presença de pequenos nódulos espalhados por todos os órgãos. A tuberculose miliar caracteriza-se pela presença de 3T e 3A, bem como por dor torácica, hemoptise e dispneia variável (geralmente grave). A radiografia do tórax mostra tuberculose miliar, ou seja, opacidades micronodulares com menos ou igual a 3 mm de diâmetro, dispersas pelo parênquima pulmonar em ambos os campos pulmonares.

O início, :

- ou insidiosa: com astenia, dores de cabeça e pequenos ataques febris.

- ou aguda: com tremores e um pico de temperatura de 40 C.°

Durante o período de estado, pode observar-se uma febre inexplicável, irregular e oscilante.

7.1.3. Febre pulmonar (pulmonar crónica TBC)

Para além do 3A e do 3T, temos: dor torácica, hemoptise, dispneia variável e a radiografia do tórax pode mostrar nódulos nos ápices pulmonares, infiltrados bolhosos nos ápices, cavernas tuberculosas (claridade delimitada por uma concha fibrosa radiopaca).

7.2. FORMAS TOPOGRÁFICAS

Vamos rever as diferentes localizações e as suas manifestações específicas em todo o corpo, dividindo-as em dois grupos: tuberculose pulmonar e tuberculose extra-pulmonar.

7.2.1. Tuberculose pulmonar

Uma vez que a tuberculose pulmonar causa frequentemente muito poucos sintomas, o doente pode negar quaisquer sintomas para além de "não se sentir bem", mesmo quando uma radiografia ao tórax mostra uma anomalia óbvia **(Nadia e Donald, 1999).**

A tosse é o sintoma mais comum, mas pode ser atribuída ao tabagismo ou a uma gripe que tenha ocorrido há várias semanas. Inicialmente, produz muito pouco muco verde ou amarelo e ocorre geralmente de manhã ao levantar, mas torna-se mais produtiva à medida que a doença progride.

A dispneia pode ser o resultado de um pneumotórax espontâneo ou de um derrame pleural extenso causado por uma reação inflamatória, com um granuloma superficial. Embora este último possa ocorrer em qualquer fase da doença, é geralmente sugestivo de infeção recente (TB primária progressiva) em adultos jovens.

A hemoptise não é normalmente observada nas fases iniciais da tuberculose.

A adenopatia hilar, o sinal caraterístico mais comum nas crianças, consiste na drenagem linfática de uma pequena lesão, normalmente encontrada nos segmentos bem ventilados do pulmão (lobos médio e inferior), que são mais susceptíveis de albergar a maioria dos microrganismos inalados.

A tuberculose pleural desenvolve-se quando uma pequena lesão pulmonar subpleural se rompe e derrama detritos caseosos na cavidade pleural. O tipo mais comum O mais comum é um derrame seroso contendo muito poucos microrganismos, resultante da rutura de uma lesão primária de tuberculose do tamanho de uma pústula. Geralmente, não há fuga de ar e o derrame desaparece espontaneamente em poucas semanas. No entanto, pode progredir para tuberculose pulmonar e até disseminar-se para outros órgãos.

O empiema tuberculoso com ou sem fístula broncopleural é causado por uma contaminação mais extensa da cavidade pleural resultante da rutura de uma lesão tuberculosa extensa. Esta rutura permite a saída de ar, provocando o colapso dos pulmões. Em todos os casos, é necessária uma drenagem rápida do pus e o início de uma politerapia.

7.2.2. Tuberculose extra-pulmonar

Estas lesões tuberculosas distantes podem ser consideradas como metástases do local original do pulmão, comparáveis às metástases de uma neoplasia primária. No passado, a tuberculose das amígdalas, dos gânglios linfáticos, dos órgãos abdominais, dos ossos e das articulações era geralmente causada pela ingestão de leite contaminado com Mycobacterium bovis. Estas infecções foram completamente erradicadas nos países industrializados, graças ao abate do gado com um teste cutâneo positivo e à pasteurização de todo o leite. Atualmente, outros órgãos para além do pulmão podem ser infectados no decurso de uma infeção recente por tuberculose. A infeção estável de um local distante pelo microrganismo depende de muitos factores; alguns microrganismos são bem sucedidos, a maioria não. Dos que têm sucesso, muitos são incapazes de iniciar uma lesão evolutiva e tornam-se dormentes. Assim, no local onde são semeados, podem produzir uma lesão ativa mais tarde, quando outras doenças estão presentes ou as reacções de defesa estão diminuídas (por exemplo, durante a infeção pelo VIH ou a velhice). A presença de infeção por VIH aumenta muito a probabilidade de a baciloscopia estar associada ao que, de outra forma, seria uma tuberculose primária auto-limitada. Consequentemente, uma elevada percentagem de lesões de TB em indivíduos infectados pelo VIH são extra-pulmonares, sendo o envolvimento pulmonar mais raro (**Nadia e Donald, 1999**).

7.3. TESTES LABORATORIAIS

7.3.1. Bacteriologia

7.3.1. . Diagnóstico direto

O bacilo é identificado por exame microscópico e por cultura. No nosso estudo, no entanto, vamos concentrar-nos mais na microscopia.

Sempre que se suspeite de tuberculose, devem ser colhidas três amostras de expetoração para exame microscópico. Se possível, devem ser colhidas no prazo de 24 horas, da seguinte forma:

Primeira amostra: durante a primeira entrevista, é recolhida uma amostra de expetoração no local, depois de o sujeito ter tossido e limpado a garganta, sob a supervisão de um membro do pessoal, numa área bem ventilada;

Segunda amostra: o doente recebe uma escarradeira para recolher uma amostra matinal (expetoração matinal) antes da segunda entrevista, que deve ter lugar no dia útil seguinte;

Terceira amostra: na segunda entrevista, o doente traz a expetoração recolhida de manhã e é recolhida uma nova amostra de expetoração no local. Se a primeira amostra colhida no local for positiva e o doente não regressar para a segunda entrevista, deve ser imediatamente procurado, a fim de evitar o agravamento da doença e a propagação dos bacilos na comunidade. Uma primeira baciloscopia positiva deve ser sempre confirmada por um segundo exame positivo. Qualquer doente com apenas um exame de expetoração positivo deve ser examinado por um médico ou por um técnico superior de saúde. Com três amostras consecutivas de expetoração colhidas ao acordar, foi demonstrado em numerosas ocasiões que, das que são positivas, cerca de 80% são positivas no primeiro exame, 15% no segundo e 5% no terceiro. O exame da expetoração produzida ao acordar tem mais probabilidades de ser positivo do que o da expetoração recolhida no local. É por esta razão que o benefício do terceiro teste efectuado no local é reduzido. Por conseguinte, se a carga de trabalho do laboratório for demasiado pesada, pode ser mais razoável examinar por rotina apenas 2 amostras em vez de 3. Neste caso, se se considerar que um doente deve ser submetido a tratamento, mesmo que os 2 exames sejam negativos, será examinada uma terceira amostra. Antes de iniciar o tratamento, o médico ou o técnico responsável examinará todos os doentes com suspeita de tuberculose, mas cujos exames de expetoração sejam negativos. Para determinar se o doente tem ou não tuberculose, o médico ou o técnico poderá proceder da seguinte forma: se for possível efetuar uma radiografia do tórax, se a radiografia mostrar imagens compatíveis com uma infeção pulmonar, pode ser administrado um tratamento inespecífico com antibióticos de largo espetro; se os sintomas do doente persistirem após o fim do tratamento com antibióticos, pode ser efectuada uma segunda série de três exames microscópicos da expetoração; se estes continuarem a ser negativos, o responsável pode decidir administrar ao doente um tratamento anti-tuberculose. Se for esse o caso, é registado como um caso de tuberculose pulmonar com baciloscopia negativa (**Jean et al, 1992**).

A técnica de coloração a quente de Ziehl Neelsen.

O esfregaço é coberto com fucsina de fenol e depois aquecido para corar. Em seguida, o esfregaço é descolorido sucessivamente com ácido sulfúrico e álcool, devendo todo o esfregaço ser quase completamente descolorido e, em seguida, novamente colorido com azul de metileno. O bacilo é corado de vermelho pela fucsina e esta coloração é resistente ao ácido e ao álcool, daí o nome Bacillus Acido Alcoolo Resistant ou BAAR (**Jean et al, 1992).**

Na prática :

Identificação da lâmina

- Pegar numa nova lâmina e utilizar o marcador de diamante para gravar o número de identificação da expetoração numa das extremidades da lâmina, utilizando a lista fornecida com as amostras.
- Preparar uma lâmina para cada amostra (não mais de 10 a 12 amostras de expetoração numa altura).

Preparação do esfregaço

- Pegue em cada lâmina pela parte onde está gravado o número e coloque-a sobre um suporte de lâminas, com a parte gravada virada para si.
- Pegue na escarradeira correspondente ao número da lâmina, abra-a e coloque-a à direita do suporte da lâmina, com a tampa ao lado.
- Colocar o cabo de metal sobre uma chama em brasa e deixar arrefecer.
- Recolher uma amostra de expetoração, escolhendo, se possível, uma amostra purulenta.
- Fazer um esfregaço tão fino quanto possível, medindo 2 cm x 1 cm na lâmina
- Colocar a lâmina na máquina de secar
- Queimar a pega de metal para a esterilizar antes de utilizar outra escarradeira.

o Preparar os outros diapositivos da mesma forma.

Secagem: Deixar os esfregaços secar ao ar durante pelo menos 15 minutos (15 a 30 minutos). Não utilizar uma chama para secar o esfregaço.

Montagem :

- Com uma pinça, segurar cada lâmina pelo lado gravado, com o esfregaço virado para cima.
- Passar a lâmina 3 vezes (em 3 a 5 segundos) pela chama do bico de Bunsen ou da lâmpada de álcool.
- Substituir a lâmina na máquina de secar limpa.

Cor

o Colocar as lâminas no suporte de lâminas com os esfregaços virados para cima e os bordos separados.

o Cobrir as lâminas com fucsina fenólica de Ziehl. A fucsina deve ser filtrada através de um filtro de papel colocado num funil sobre as lâminas.

o Aquecer sob as lâminas, muito suavemente, até à formação de vapor, utilizando uma almofada colocada na extremidade de uma haste metálica e embebida em álcool metilado. O corante não deve, em caso algum, ferver ou secar na lâmina.

o Deixar atuar a tinta quente durante 3 minutos.

o Repetir o processo de aquecimento do corante duas vezes.

Descoloração

- Lavar cada lâmina separadamente com água da torneira até que o corante livre seja removido.
- Voltar a colocar todas as lâminas nos suportes de lâminas e cobrir cada lâmina separadamente com ácido.

- Deixar atuar durante 3 minutos.
- Lavar com água.
- Cobrir com álcool a 70°.
- Deixar atuar durante 5 minutos.
- Enxaguar novamente com água.
- Escaldar uma segunda vez em ácido até que toda a coloração tenha praticamente desaparecido.
- Lavar cada lâmina separadamente com água.

Contraindicação

- Voltar a colocar as lâminas descoloradas nos suportes de lâminas e cobrir os esfregaços com azul de metileno a 0,3% durante 1 minuto.
- Enxaguar cada lâmina com água e deixar secar ao ar

Expressão dos resultados

Após a coloração de Ziehl-Neelsen, o número de bacilos presentes na expetoração de um doente está diretamente relacionado com o grau de contagiosidade. Por este motivo, o resultado deve ser expresso quantitativamente. O código seguinte, proposto pela UICTMR (União Internacional contra a Tuberculose para a classificação da tuberculose respiratória), pode ser utilizado: Código para a leitura de esfregaços corados pelo método de Ziehl-Neelsen (objetiva de imersão X100).

NÚMERO DE BAAR	CÓDIGO UTILIZADO
Sem BAAR por 100 campos 1 a 9 BAAR por 100 campos 10 a 99 BAAR por 100 campos 1 a 10 BAAR por campo Mais de 10 BAAR por campo	0 Número exato de BAARs + ++ +++

No caso da tuberculose extra-pulmonar, o exame microscópico direto é geralmente negativo. O diagnóstico pode ser confirmado por cultura de um produto patológico ou por exame anatomopatológico de uma biopsia do tecido ou órgão afetado.

8. COMPLICAÇÕES E SEQUELAS DA TUBERCULOSE

8.1. Complicações locais :

- Após a persistência da tuberculose, pode formar-se um pseudocisto, que pode ser complicado por um abcesso e, eventualmente, por aspergilose.
- A evolução local da lesão tuberculosa é frequentemente acompanhada de extensão à árvore brônquica, com formação de broncopneumonia, geralmente bilateral.
- O envolvimento pleural é quase constante. A fibrose pleural que evolui para esclerose, frequentemente calcificada, pode ser muito marcada: paquipleurite pós-tuberculosa.
- Algumas neoplasias aparecem em contacto com uma cicatriz antiga deste tipo: trata-se do cancro da cicatriz, geralmente um adenocarcinoma.

Em contraste com a extensão de todas estas lesões, a adenopatia é muito menos marcada do que na infeção primária.

8.2. Complicações remotas :

- A Miliaria, disseminação granulomatosa multi-orgânica, é comum na tuberculose cavitária.
- Quando ingerido, o BK resistente ao suco gástrico pode causar lesões na parte terminal do íleo.

8.3. Sequelas da tuberculose :

Embora os tratamentos actuais da tuberculose conduzam à cura, esta nem sempre é conseguida sem sequelas. Além disso, se há incertezas quanto ao tratamento médico, coloca-se o problema de saber se certas anomalias clínicas são tuberculosas ou não. Assim, se o tuberculoma não regride, ou regride apenas ligeiramente, com o tratamento médico, devem ser considerados outros diagnósticos, nomeadamente um tumor num fumador. As sequelas podem incluir distrofia brônquica, superinfeção por Aspergillus ou micobactérias não tuberculosas, insuficiência ventilatória e respiratória.

9. TRATAMENTO DA TUBERCULOSE

O tratamento adequado da tuberculose é efectuado de duas formas (**Donald et al, 2000**): tratamento profilático e tratamento curativo.

9.1. Tratamento profilático

9.1.1. Luta contra os bacilos de origem humana e animal

- Promover a educação dos tossidores e a utilização de escarradeiras novas ou esterilizadas.
- Recomendar a desinfeção dos quartos após a saída do doente, dos estábulos e dos utensílios do gado.
- Recomendar a cozedura adequada da carne e a pasteurização do leite.

9.1.2. Defesa no terreno

- o Luta contra os bairros de lata, a subnutrição e os comportamentos de risco (alcoolismo, tabagismo, etc.).
- o Intensificar a educação física, os desportos ao ar livre e o trabalho das crianças nas montanhas.

9.1.3. Proteção das crianças

Os recém-nascidos devem ser separados do centro de tuberculose logo que nascem, especialmente se a mãe tiver tuberculose. Para o efeito, existem :

- Rastreio de pais com tuberculose

- A criação de creches de observação e de centros de colocação.

- Vacinação contra a tuberculose utilizando a vacina BCG.

A vacina BCG (Bacille de Calmette et Guérin) é uma vacina bacteriana viva, preparada a partir de bacilos da tuberculose bovina atenuados por 230 passagens em batatas glicerinadas. Os bacilos da vacina estão, portanto, vivos, mas perderam a sua virulência. A introdução destes bacilos no organismo estimula o desenvolvimento da imunidade, aumentando as defesas do organismo sem causar doença.Na 2ª fase da infância, as crianças ainda não infectadas devem ser afastadas das zonas contaminadas, vigiadas nos ambientes que frequentam e as crianças contaminadas devem ser sistematicamente rastreadas por raios X.

9.1.4. Armamento anti-tuberculose

O elemento básico é o dispensário anti-tuberculose para o rastreio das pessoas suspeitas ou que sofrem de tuberculose. Existe também um sanatório para o internamento de doentes com tuberculose pulmonar curável ou melhorada.

9.1.5. Quimioprofilaxia

Na maior parte das vezes, a quimioprofilaxia é, na realidade, um tratamento da infeção primária, destinado a esterilizar as lesões e a impedir o desenvolvimento da tuberculose ativa. Trata-se mais de um tratamento do que de uma profilaxia em sentido estrito. Consiste na administração diária de isoniazida durante seis meses, numa dose de 10mg/kg/dia para crianças com menos de 30kg e 5mg/kg/dia para crianças $\geq$ 30kg e adultos.

9.2. Tratamento curativo

Existem cinco medicamentos essenciais contra a tuberculose. A cada um deles foi atribuído um código alfabético:

- ISONIAZIDA (H)
- RIFAMPICINA (R)
- PIRAZINAMIDA (Z)
- ESTREPTOMICINA (S)
- ETAMBUTOL (E)

Alguns são distribuídos em formas combinadas em proporções fixas.

Formas para adultos :

a) A associação quádrupla RHZE contém 4 moléculas num único comprimido: RIFAMPICINA, ISONIAZIDA, PIRAZINAMIDA e ETAMBUTOL. Esta
O medicamento é doseado da seguinte forma: R= 150 mg, H=75 mg, Z= 400 mg, E= 275 mg

b) A combinação tripla RHZ é doseada a R= 150 mg, H=75 mg, Z= 400 mg.

c) A combinação dupla HR (HE no caso de perturbações da função hepática)

- A forma HE é doseada a H= 150 mg e E= 400 mg
- A dose de HR é de R= 150 mg e H= 75 mg

d) Formas simples: estreptomicina (0,75g e 1g) e etambutol (400mg) são também utilizadas.

Existem quatro categorias de acordo com as prioridades de tratamento e o estado bacteriológico:

- CATEGORIA I :

Novos casos de tuberculose pulmonar positiva à microscopia e outras formas graves da doença, nunca tratadas ou tratadas há menos de um mês.

Esta categoria inclui :

- Casos novos com baciloscopia positiva TP
- Novos casos de DP com baciloscopia negativa e envolvimento parenquimatoso extenso.
- Novos casos de tuberculose extra-pulmonar (numa forma grave).
- Doentes com tuberculose gravemente afectados com infeção concomitante pelo VIH.

• CATEGORIAII: casos de reprocessamento.

Trata-se geralmente de casos de tuberculose pulmonar microscopicamente positiva (excecionalmente microscopicamente negativa). Devem ser considerados 3 grupos distintos: recidiva, falência do tratamento, tratamento após interrupção.

• CATEGORIA III :

Novos casos de tuberculose pulmonar microscopicamente negativa com pequenas lesões e outros casos benignos de PET e de doentes seronegativos para o VIH

• CATEGORIA IV: casos crónicos.

Trata-se de doentes que expectoram bacilos da tuberculose após um regime de retratamento compreendido e supervisionado. A maioria destes doentes tem tuberculose multi-resistente.

REGIME DE TRATAMENTO PARA ADULTOS

O PATI IV optou por um calendário de tratamento de 6 meses para os novos casos e de 8 meses para os casos de retratamento.

Os regimes de tratamento são :

- CATEGORIAS I E III: 2RHZE/4RH

O diagrama tem 2 fases:

- Uma fase inicial de 2 meses (fase intensiva) que consiste na administração diária da combinação quádrupla (2RHZE)

- ➢ Uma fase de continuação de 4 meses combinando rifampicina e isoniazida (4RH), tomadas diariamente.

- CATEGORIA II: 2SRHZE/1RHZE/5RHE

O regime de tratamento compreende 2 fases:

- ➢ Uma fase inicial intensiva de 3 meses com administração diária da combinação quádrupla (RHZE) e da estreptomicina, mas esta última só será administrada durante 60 dias (2SRHZE/1RHZE).
- ➢ Uma fase de continuação de 5 meses com a combinação tripla tomada diariamente sob supervisão direta (5RHE).

- CATEGORIA IV: tratamento em centros especializados durante 24 meses.

- ➢ Injectáveis: Estreptomicina, Canamicina, Amicacina, Capreomicina
- ➢ Oral: Etionamida, Etionamida, Cicloserina, PAS, Fluoroquinolona.

PARTE II
CONSIDERAÇÕES PRÁTICAS

CAPÍTULO II

DESCRIÇÃO DO LOCAL DE FORMAÇÃO

1. SITUAÇÃO GEOGRÁFICA

O complexo médico do SNCC Lubumbashi está situado quase no centro de Lubumbashi, na comuna de Kampemba, a leste da estrada de Kasenga, vindo da cidade, à esquerda logo após o túnel, junto à estação central, atrás da brasserie, na zona sanitária de Tshamilemba.

2. UMA BREVE HISTÓRIA DO HOSPITAL SNCC

O Complexo Médico de Lubumbashi, vulgarmente conhecido como hospital SNCC, situa-se na cidade de Lubumbashi, capital da província de Katanga, na República Democrática do Congo, no extremo esquerdo da estrada de Kasenga, junto à estação FINA e à saída do túnel de Kampemba. De acordo com as informações fornecidas pela freira italiana da congregação católica "IRMA CANTORELLA" e pelo Sr. MANGI, que foi o primeiro motorista da ambulância do Complexo Médico de Lubumbashi, parece que o hospital foi construído por volta de 1951. Foi oficialmente inaugurado em 1953 por iniciativa do Dr. KANJANGA, que era então o médico do departamento. A clínica SNCC só foi inaugurada em fevereiro de 1980. Foi construída sob o reinado do Dr. BLAMPAIN, diretor médico do departamento médico, e da Sra. TINDE SALIMA, enfermeira-chefe. Em 1985, foi acrescentado ao hospital do pessoal um grande dispensário para os operacionais, bem como um certo número de serviços especializados e um serviço de urgência. O complexo hospitalar Lubumbashi/SNCC é atualmente dirigido pelo Professor KAKUDJI como Diretor do Departamento Médico e pelo Dr. EPULE AFUMAMBALE como Diretor Médico do hospital.

3. CAPACIDADE

O hospital SNCC dispõe atualmente de 15 serviços e cerca de 274 camas repartidas por 80 quartos e 8 enfermarias:

- Pavilhão I: Medicina interna masculina
- Pavilhão II: Pediatria
- Pavilhão III: Medicina interna feminina
- Pavilhão IV: Emergências
- Pavilhão V: centro anti-tuberculose/VIH
- Enfermaria VI: Cirurgia feminina
- Pavilhão VII: Cirurgia masculina
- Pavilhão clínico
- Maternidade/ginecologia
- Os serviços clínicos de maternidade incluem:

o Administração

o O laboratório

o A farmácia

o Reanimação

o Imagiologia (Radiologia)

o Oftalmologia

o Serviços gerais (lavandaria)

o O bloco operatório

o Salas de emergência

- A morgue
- O dispensário
- Dermatologia
- Medicina dentária
- ENT
- Fisioterapia

Alguns pormenores sobre o serviço LABORATÓRIO

O serviço de laboratório do hospital SNCC, onde realizámos a nossa investigação, é composto por 7 subdepartamentos:

- Biologia molecular
- Bacteriologia
- O banco de sangue
- Parasitologia
- Serologia
- Bioquímica
- Hematologia.

4. Como funciona

O hospital SNCC funciona 24 horas por dia com 3 postos de serviço.

1) Serviço de permanência das 7h30 às 13h.
2) Serviço de enchimento das 13h00 às 18h00
3) Serviço de permanência das 18h00 às 7h30

5. ORGANIGRAMA DO HOSPITAL

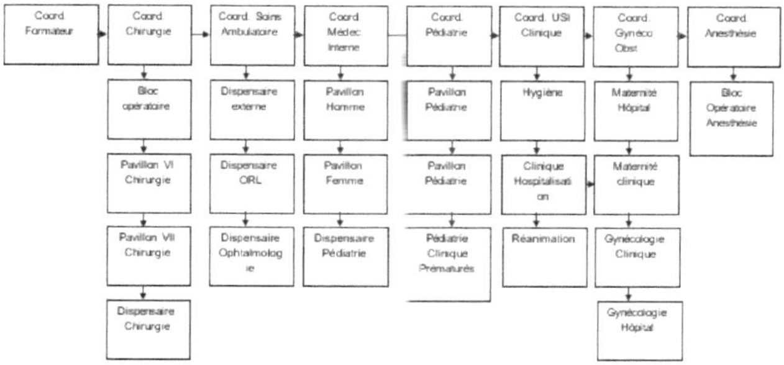

CAPÍTULO III

MATERIAIS E MÉTODOS

1. TIPO DE ESTUDO

O nosso estudo é retrospetivo de janeiro de 2014 a setembro de 2015, um período de quase dois anos. Recolhemos dados do departamento de laboratório do hospital SNCC.

2. AMOSTRAGEM

Identificámos a tendência e a prevalência da tuberculose na cidade de Lubumbashi utilizando dados e estatísticas recolhidos de 2014 a 2015 no laboratório do hospital SNCC. Esta foi uma amostra de conveniência não probabilística. Recolhemos 605 casos suspeitos de terem tuberculose e que cumpriam os critérios de inclusão.

Critérios de inclusão: foram incluídos todos os indivíduos com suspeita de tuberculose durante o período do estudo e todos os doentes cuja expetoração foi recolhida para exame por suspeita de tuberculose.

Critérios de exclusão: Todos os doentes com tuberculose fora do nosso período de estudo foram excluídos da nossa amostra.

3. VARIÁVEIS ESTUDADAS

Na nossa população de estudo, identificámos os seguintes elementos caraterísticos:

- A idade do doente

- Sexo

- Origem do doente

- O tipo de doente

- Diagnóstico paraclínico, incluindo o teste de Ziehl com os diferentes tipos de expetoração recolhidos e os seus resultados baciloscópicos.

4. MÉTODO DE ESTUDO

Realizámos um estudo descritivo retrospetivo baseado na observação dos arquivos de dados dos doentes.

5. REALIZAÇÃO DO INQUÉRITO

Para este estudo, reunimos retrospetivamente todos os processos dos doentes em que o teste de Ziehl foi realizado no laboratório do hospital SNCC.

6. PROCESSAMENTO DE DADOS

Todos os dados foram recolhidos em formulários de inquérito pré-estabelecidos, cuja informação foi retirada dos documentos de registo do acompanhamento dos doentes com tuberculose. Foi utilizado o programa informático EPI INFO 3.5.1 para agrupar e analisar os dados. A introdução dos dados foi efectuada através do Microsoft Office Word. 2013

7. DIFICULDADES ENCONTRADAS

Eram numerosos e diziam respeito, sobretudo, aos processos dos doentes. Não foi encontrado nenhum registo que mostrasse a clínica que conduziu ao diagnóstico de tuberculose, mas apenas o diagnóstico, a categoria e o resultado da microscopia foram registados nos processos dos doentes.

CAPÍTULOIV

APRESENTAÇÃO E INTERPRETAÇÃO DOS RESULTADOS

1. DADOS EPIDEMIOLÓGICOS

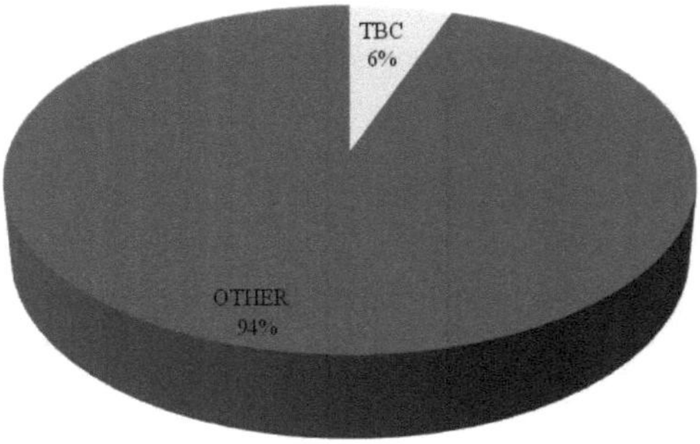

Figura 1: Frequência do BBT de 2014 a 2015

Verificámos que, neste diagrama, dos 10146 casos de doentes que consultaram o serviço de laboratório durante o nosso período de estudo, 605 casos foram registados como tuberculose, ou seja, uma prevalência de 6%.

2. IDADE DOS PACIENTES

Tabela I: Distribuição dos doentes por grupo etário

Faixa etária (anos)	Trabalhadores	Frequência
Crianças pequenas (24 meses-5 anos)	2	0,3%
Crianças mais velhas (dos 6 aos 12 anos)	14	2,3%
Púberes (dos 13 aos 15 anos)	12	2%
Adolescentes (16 a 18 anos)	45	7,4%
Jovens adultos (19 a 25 anos)	143	23,6%
Adultos (26 a 56 anos)	281	46,5%
Seniores (57 a 79 anos)	104	17,2%
Pessoas idosas (com mais de 80 anos ou menos)	4	0,7%
Total	605	100%

O quadro mostra que :

- a idade dos doentes varia entre os bebés (24 meses) e os idosos (80 anos ou mais)

- A idade média é de 22 anos

- A incidência é de 46,5% nos adultos, 0,3% nas crianças pequenas e 0,7% nos idosos.

3. SEXO

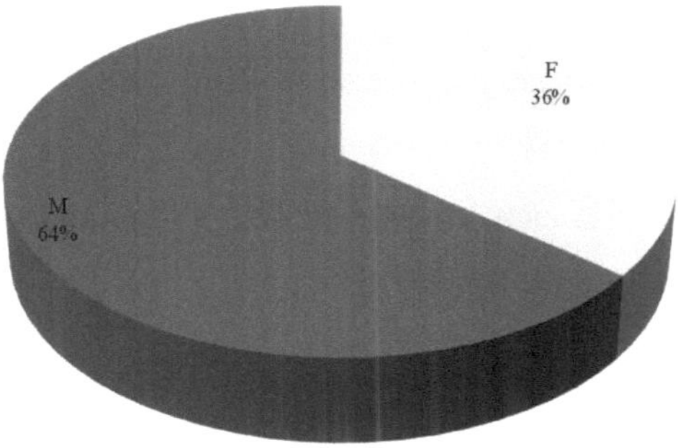

Figura 2: Distribuição dos casos por género

Neste número, 64% dos casos são do sexo masculino contra 36% do sexo feminino, com um rácio de 1,8 a favor dos homens.

4. PROVENIÊNCIA

Quadro II: Repartição dos doentes por origem (município)

Município	Força de trabalho	Percentagem
APÊNDICE	133	22%
OUTROS	13	2,2%
KAMALONDO	13	2,2%
KAMPEMBA	266	44%
KATUBA	24	4%
KENYA	18	3%
LUBUMBASHI	82	13,6%
RUASHI	56	9%
Total	605	100,00%

A maioria dos doentes do nosso estudo provinha das comunas de Kampemba (44%) e Annexe (22%).

5. DISCRIMINAÇÃO DOS CASOS POR CATEGORIA DE DOENTE SUBMETIDO AO TESTE DE ZIEHL

Quadro III: Repartição dos doentes por categoria

Categoria	Força de trabalho	Percentagem
Novos casos	382	63,1%
Controlo no 2º mês de tratamento	77	12,7%
Controlo no 3º mês de tratamento	12	2%
Controlo no 5º mês de tratamento	73	12,1%
Controlo no 6º mês de tratamento	53	8,8%
Controlo no 8º mês de tratamento	5	0,8%
Outros (recaídas, reafirmações)	3	0,5%
Total	605	100%

Esta tabela mostra que a maioria dos doentes submetidos a ZIEHL eram casos novos, com uma frequência de 63,1%. O controlo ao oitavo mês de tratamento representou 0,8% do total.

6. DISTRIBUIÇÃO DOS DOENTES DE ACORDO COM A CARGA BACILAR

Tabela IV: Distribuição dos doentes de acordo com o CRACHAT1

Carga bacilar	Trabalhadores	Percentagem
Não há BAAR para 100 campos	523	86,45%
Número exato de BAARs inferior a 10	7	1,16%
10-99 BAAR por 100 campos	17	2,81%
1-10 BAAR por campo	3	0,50%
Mais de 10 BAAR por campo	55	9,09%
Total	605	100,00%

Esta tabela mostra que a maioria dos doentes (86,5%) não tinha BAARs na expetoração.

Tabela V: Distribuição dos pacientes de acordo com o CRACHAT2

Carga bacilar	Trabalhadores	Percentagem
Não há BAAR para 100 campos	526	86,9%
Número exato de BAARs inferior a 10	6	1%
10-99 BAAR por 100 campos	21	3,5%
1-10 BAAR por campo	3	0,5%
Mais de 10 BAAR por campo	49	8,1%
Total	605	100,00%

Nesta tabela, verificamos que 86,9% dos casos não apresentam BAARs na expetoração, seguindo-se diretamente o grupo de doentes com mais de 10 BAARs por campo, com 8,1% dos casos.

Tabela VI: Distribuição dos pacientes de acordo com o CRACHAT3

Carga bacilar	Trabalhadores	Percentagem
Não há BAAR para 100 campos	530	87,6%
Número exato de BAARs inferior a 10	4	0,7%
10-99 BAAR por 100 campos	21	3,5%
1-10 BAAR por campo	2	0,3%
Mais de 10 BAAR por campo	48	7,9%
Total	605	100,00%

O resultado mais baixo da tabela mostra que, do total de doentes, dois tinham entre 1 e 10 BAARs por campo, ou seja, 0,3%; por outro lado, a maioria dos doentes não tinha BAARs na expetoração, ou seja, 87,6%.

Quadro VII: Distribuição de acordo com todas as cargas bacilares

Carga bacilar	Força de trabalho	Percentagem
Não há BAAR para 100 campos	1579	87%
Número exato de BAARs inferior a 10	17	0,9%
10-99 BAAR por 100 campos	59	3,3%
1-10 BAAR por campo	8	0,4%
Mais de 10 BAAR por campo	152	8,4%
Total	1815	100%

Nesta tabela, verificamos que a maioria dos casos tinha uma carga bacilar negativa na expetoração, ou seja, 87%, seguindo-se diretamente o grupo com mais de 10 BAAR por campo, ou seja, 8,4%.

7. DISTRIBUIÇÃO DOS DOENTES DE ACORDO COM A CARGA BACILAR NA EXPECTORAÇÃO

Quadro VIII: Repartição das cargas bacilares em relação à expetoração

Carga bacilar	Cuspir1	Cuspir2	Cuspir3	Total
Não há BAAR para 100 campos	28,8%	29%	29,2%	87%
Número exato de BAARs inferior a 10	0,4%	0,3%	0,2%	0,9%
10-99 BAAR por 100 campos	0,9%	1,2%	1,2%	3,2%
1-10 BAAR por campo	0,2%	0,2%	0,1%	0,4%
Mais de 10 BAAR por campo	3%	2,7%	2,6%	8,4%
Total	33,3%	33,3%	33,3%	100%

Esta tabela mostra que a carga bacilar sem BAARs nos chachats está mais representada, com uma frequência de 87%, seguida daquela com mais de 10 BAARs por campo, ou seja, 8,4%.

8. DISTRIBUIÇÃO DOS CASOS POR ORIGEM EM RELAÇÃO À CARGA BACILAR

Quadro IX: Proveniência em relação ao CRACHAT1

Carga bacilar	APÊNDICE	OUTROS	KAMAL	KAMP	KAT	KEN	LUSHI	RWASHI	TOTAL
Não há BAAR para 100 campos	18,7%	1,8%	1,7%	38,3%	3,6%	2,3%	12,4%	7,6%	86,4%
Número exato de BAARs inferior a 10	0,2%	0%	0%	1%	0%	0%	0%	0%	1,2%
10-99 BAAR por 100 campos	1,3%	0%	0,2%	0,5%	0%	0%	0,2%	0,7%	2,8%
1-10 BAAR por campo	0%	0%	0%	0%	0%	0,2%	0%	0,3%	0,5%
Mais de 10 BAAR por campo	1,8%	0,3%	0,3%	4,1%	0,3%	0,5%	1%	0,7%	9,1%
Total	22%	2,1%	2,1%	44%	4%	3%	13,6%	9,3%	100%

Nesta tabela, a frequência mais elevada diz respeito a doentes sem BAAR na expetoração, ou seja, uma frequência de 86,4%; e provenientes principalmente da comuna de KAMPEMBA com uma frequência de 38,3%.

Quadro X: Proveniência em relação ao CRACHAT2

Carga bacilar	APÊNDICE	OUTROS	KAMAL	KAMP	KAT	KEN	LUSHI	RWASHI	TOTAL
Não há BAAR para 100 campos	19%	1,8%	1,8%	38,2%	3,6%	2,5%	12,1%	7,9%	87%
Número exato de BAARs inferior a 10	0,2%	0%	0%	0,7%	0%	0%	0,2%	0%	1%
10-99 BAAR por 100 campos	1%	0%	0%	1,5%	0%	0%	0,5%	0,5%	3,5%
1-10 BAAR por campo	0%	0%	0%	0,5%	0%	0%	0%	0%	0,5%
Mais de 10 BAAR por campo	1,8%	0,3%	0,3%	3,1%	0,3%	0,5%	0,8%	0,8%	8,1%
Total	22%	2,2%	2,2%	44%	4%	3%	13,6%	9,3%	100%

A frequência de 1 a 10 BAAR por parcela é quase inexistente neste quadro, sendo a comuna de Kampempa a que apresenta a frequência mais elevada, com 0,5%.

Quadro XI: Proveniência em relação ao CRACHAT3

Carga bacilar	APÊNDICE	OUTROS	KAMAL	KAMP	KAT	KEN	LUSHI	RWASHI	TOTAL
Não há BAAR para 100 campos	19%	1,8%	1,7%	39%	3,6 %	2,3 %	12,2 %	7,9%	87,6 %
Número exato de BAARs inferior a 10	0,2%	0%	0%	0%	0%	0,2 %	0%	0,3%	0,7%
10-99 BAAR por 100 campos	1,2%	0,2%	0%	1%	0,2 %	0%	0,8 %	0,2%	3,5%
1-10 BAAR por campo	0%	0%	0%	0,3 %	0%	0%	0%	0%	0,3%
Mais de 10 BAAR por campo	1,7%	0,2%	0,5%	3,6 %	0,2 %	0,5 %	0,5 %	0,8%	7,9%
Total	22%	2,2%	2,2%	44%	4%	3%	13,6 %	9,3%	100 %

Nesta tabela, vemos que os doentes da comuna de Kamalondo e os de fora de Lubumbashi são os menos representados, com uma frequência de 2,2% para cada categoria.

Tabela XII: Proveniência em relação à carga bacilar

Carga bacilar	APÊNDICE	OUTROS	KAMAL	KAMP	KAT	KEN	LUSHI	RWASHI	TOTAL
Não há BAAR para 100 campos	19,1 %	1,8%	1,7%	38,9 %	3,7 %	2,4 %	12,3 %	7,9%	87,9 %
Número exato de BAARs inferior a 10	0,2%	0%	0%	0,6%	0%	0,1 %	0,1 %	0,1%	0,9%
10-99 BAAR por 100 campos	1,2%	0,1%	0,1%	0,9%	0,1 %	0%	0;5 %	0,4%	3,1%
1-10 BAAR por campo	0%	0%	0%	0,3%	0%	0,1 %	0%	0,3%	0,3%
Mais de 10 BAAR por campo	1,8%	0,3%	0,4%	3,7%	0,3 %	0,5 %	0,8 %	0,8%	7,8%
Total	22,2 %	2,2%	2,2%	44,4 %	4%	3%	12,5 %	9,5%	100 %

Neste quadro, verificamos que o município de Kampempa apresenta o maior número de casos baciloscópicos negativos, ou seja, 38,9%, e também o maior número de casos com uma carga bacilar superior a 10 BAAR por campo, ou seja, 3,7%.

9. DISTRIBUIÇÃO DOS CASOS POR SEXO EM RELAÇÃO À CARGA BACILAR

Tabela XIII: Género em relação ao CRACHAT1

Carga bacilar	M	F	Total
Não há BAAR para 100 campos	53,6%	32,9%	86,4%
Número exato de BAARs inferior a 10	1%	0,2%	1,2%
10-99 BAAR por 100 campos	0,2%	1,2%	2,8%
1-10 BAAR por campo	0%	0,5%	0,5%
Mais de 10 BAAR por campo	7,6%	1,5%	9,1%
Total	63,8%	36,2%	100%

Nesta tabela, a baciloscopia negativa apresentou uma frequência de 53,6% para o sexo masculino e 32,9% para o sexo feminino. E 0% para o sexo masculino e 0,5% para o sexo feminino, para a baciloscopia de 1 a 10 BAAR por campo.

Quadro XIV: Género em relação ao CRACHAT2

Carga bacilar	M	F	Total
Não há BAAR para 100 campos	53,6%	33,4%	86,9%
Número exato de BAARs inferior a 10	0,8%	0,2%	1%
10-99 BAAR por 100 campos	2,5%	1%	3,5%
1-10 BAAR por campo	0,3%	0,2%	0,5%
Mais de 10 BAAR por campo	6,6%	1,5%	9,1%
Total	63,8%	36,2%	100%

Esta tabela mostra uma frequência de 2,5% para o sexo masculino e 1% para o sexo feminino para doentes com 10 a 99 BAARs por 100 campos na expectoração2.

Tabela XV: Género em relação ao CRACHAT3

Carga bacilar	M	F	Total
Não há BAAR para 100 campos	54,4%	33,2%	87,6%
Número exato de BAARs inferior a 10	0,3%	0,3%	0,7%
10-99 BAAR por 100 campos	2,6%	0,8%	3,5%
1-10 BAAR por campo	0%	0,3%	0,2%
Mais de 10 BAAR por campo	6,4%	1,5%	7,9%
Total	63,8%	36,2%	100%

Nesta tabela, temos uma frequência de 0,3% para o sexo feminino e 0% para o sexo masculino para a microscopia de 1 a 10 BAARs por campo.

CAPÍTULO V

DISCUSSÕES

1. EPIDEMIOLOGIA

No nosso estudo, a prevalência da tuberculose no laboratório do hospital SNCC foi de 6%. Num estudo realizado na zona sanitária de Lubumbashi e publicado por Kakisingi et al.(2014), a prevalência foi de 0,5%. Esta prevalência é, portanto, muito inferior à nossa. De facto, só tomámos em consideração os casos de pacientes que solicitaram o laboratório do hospital SNCC durante o período abrangido pelo nosso estudo, reduzindo assim o tamanho da nossa amostra e aumentando a prevalência. Além disso, o hospital do SNCC dispõe de um centro de controlo da tuberculose, que diagnostica, vigia e segue os doentes com tuberculose, o que provoca um afluxo de doentes com tuberculose ao laboratório. Isto é provavelmente um reflexo da gravidade da doença na zona sanitária de Tshamilemba, mas a taxa elevada também pode estar ligada a um sistema de vigilância melhorado.

2. IDADE DOS PACIENTES

A tuberculose é um problema de saúde pública preocupante na África subsariana, onde afecta uma população jovem. Na nossa série, a idade média é de 22 anos e o grupo etário mais representado é o dos adultos com idades compreendidas entre os 26 e os 56 anos, ou seja, 46,5%. Outros estudos apontam na mesma direção, com uma média de idades entre os 20 e os 30 anos. É o caso, por exemplo, de um estudo realizado em Lubumbashi por **Kakisingi et al.** em 2014, bem como de outro estudo realizado no Senegal por **Mbatchou et al.** em 2008 e de outro no mesmo país por **Nafissatou** em 2000. Estes resultados estão de acordo com a literatura, que afirma que a tuberculose é mais prevalente nos jovens (www.bfmtv.com).

3. SEXO

Os resultados do nosso estudo mostram que os homens são mais frequentemente afectados do que as mulheres (rácio entre sexos = 1,8). Embora este rácio seja mais elevado do que o encontrado por **Lawn** no Gana **em 1998**, está próximo dos valores habitualmente encontrados nos países subdesenvolvidos (**Kumaresan et al, 1998**). O trabalho doméstico, menos exposto a condições difíceis fora de casa, tem-se revelado um fator de proteção para as mulheres. outro lado, o estilo de vida face a condições de trabalho difíceis num contexto de pobreza generalizada a que os homens estão expostos torna-os muito mais vulneráveis à tuberculose **(Maria et al. 2008).**

4. MUNICÍPIO DE ORIGEM

Na nossa série, a maior parte dos pacientes abrangidos pelo nosso estudo provinha da comuna de Kampemba (56,7%) e do Anexo (22%). Isto pode ser explicado pelo facto de que o acesso dos pacientes ao hospital do SNCC foi certamente facilitado pela sua proximidade, mas também pela facilidade de deslocação para este hospital, que também está localizado na comuna de Kampemba.

5. REPARTIÇÃO DOS DOENTES POR CATEGORIA

Neste estudo, os novos casos de tuberculose pulmonar representaram 63,1% de todos os casos de tuberculose pulmonar que visitaram o laboratório; os outros casos foram tuberculose microscopicamente negativa, recaídas, desistências após interrupção do tratamento, controlos e falhas de tratamento. A mesma observação foi feita por **Mbacthou et al (2008).**

Verificámos que a incidência do controlo da tuberculose diminuiu ao longo do tempo, de 0,5% no oitavo mês para 12% no segundo mês de controlo. Isto pode simplesmente significar que houve uma redução significativa da carga bacilar nos pulmões, ou que simplesmente não tivemos a "oportunidade" de a encontrar nessa altura. Este trabalho salienta igualmente o longo período de tempo que decorre entre o início dos sintomas e o diagnóstico da tuberculose pulmonar, o que explica, sem dúvida, o impacto da doença no estado geral de saúde e o carácter epidemiológico da tuberculose nos países com uma elevada endemia de tuberculose, como é o caso do nosso país, a RDC.

6. DISTRIBUIÇÃO DOS DOENTES DE ACORDO COM A CARGA BACILAR

Na nossa série, observámos uma clara predominância de doentes com baciloscopia negativa, ou seja, 87%. No entanto, quando a carga bacilar foi positiva, foi a maioria dos casos com mais de 10 BAAR por campo, ou seja, 8,4%. Este resultado é inferior ao de **Bousebha et al. em 2006**. Este facto pode também ser explicado pelas condições de trabalho, que diferem entre o nosso estudo e o deles, uma vez que o nosso é um estudo retrospetivo, que pode ser prejudicado por um certo número de vieses resultantes das dificuldades que mencionámos na recolha dos nossos dados. Além disso, as condições de exame laboratorial da nossa série parecem estar desactualizadas em relação às do estudo supracitado.

7. DISTRIBUIÇÃO DOS CASOS POR ORIGEM EM RELAÇÃO À CARGA BACILAR

O nosso estudo mostra que a comuna de Kampemba, que é a comuna mais afetada pelo nosso estudo, apresenta mais casos com baciloscopia negativa, mas também casos com mais de 10 BAAR por campo. Mais uma vez, podemos justificar este facto pelo facto de a maioria dos pacientes residir nesta comuna, que fica perto da instituição que serviu de cenário para o nosso estudo.

8. DISTRIBUIÇÃO DOS DOENTES DE ACORDO COM A CARGA BACILAR NA EXPECTORAÇÃO

Na nossa série, parece estar mais representada a carga bacilar sem BAARs na expetoração, com uma frequência de 87%; seguida da que tem mais de 10 BAARs por campo, ou seja, 8,4%; nesta última, a expectoração1 é maioritária com uma frequência de 3%, seguida da expectoração2 2,7% e finalmente da expectoração3 2,6%. Pensamos que, neste contexto, isto se aproxima do que é referido na literatura, na medida em que, com três amostras consecutivas de expetoração colhidas em vigília, foi demonstrado em numerosas ocasiões que, das que se revelam positivas, cerca de 80% são positivas no primeiro exame, 15% no segundo e 5% no terceiro. É por isso que é importante recolher sempre as três amostras para o exame. Nem sempre é fácil encontrar a expetoração quando se necessita dela para os exames, uma vez que o seu aspeto é proporcional à evolução da doença.

9. DISTRIBUIÇÃO DOS CASOS POR SEXO EM RELAÇÃO À CARGA BACILAR

No nosso estudo, a baciloscopia mostrou que os homens eram mais afectados do que as mulheres em quase todos os grupos, exceto no nível de expetoração 2, onde observámos um excesso não significativo para as mulheres relativamente à carga bacilar que variava entre 10 e 99 BAAR por 100 campos (1,2% versus 0,2%). Não encontrámos qualquer literatura detalhada sobre este assunto. Este facto pode estar relacionado, mais uma vez, com a análise do estilo de vida mencionada em relação às difíceis condições de trabalho, num contexto de pobreza generalizada, vividas pelos homens, por oposição ao trabalho doméstico, que está menos exposto a condições difíceis fora de casa e que seria um fator de proteção para as mulheres.

CONCLUSÃO

Este estudo da tuberculose no hospital SNCC de Lubumbashi permitiu-nos constatar que :

-a prevalência desta doença é de 6%.

-os homens são os mais afectados

-os adultos estão mais representados do que as outras idades

-A maioria dos doentes eram casos novos, em comparação com outras categorias de doentes.

-Os pacientes em causa eram principalmente aqueles com baciloscopia negativa, a maioria dos quais vivia na comuna de Kampemba.

Além disso, a análise dos resultados apresentados no quadro VI mostra que a incidência de baciloscopia positiva diminui com cada controlo. Isto leva-nos a dizer que o tratamento dos doentes com medicamentos anti-tuberculose, se corretamente aplicado e eficazmente observado, dá bons resultados. Acreditamos que o sistema de saúde para o tratamento de pacientes com tuberculose ainda precisa de ser melhorado em toda esta parte da cidade de Lubumbashi, se quisermos ter alguma esperança de reduzir a morbilidade e a mortalidade associadas à tuberculose.

RECOMENDAÇÃO

Em geral, estes resultados sugerem que devem ser envidados esforços de prevenção e gestão de casos para melhorar as estratégias de controlo da tuberculose. Isto implica a deteção precoce de casos contagiosos e o tratamento adequado até os doentes ficarem curados. Esta estratégia pode ajudar a evitar recaídas e a prevenir o aparecimento de resistências. Simultaneamente, a cadeia de transmissão do bacilo da tuberculose seria quebrada e as fontes de contaminação seriam eliminadas. Seria também aconselhável melhorar a qualidade dos cuidados prestados aos doentes cujo tratamento falhou, através de uma cultura sistemática da expetoração e da realização de um teste de suscetibilidade aos antibióticos. O teste de suscetibilidade aos antibióticos continua a ser muito importante para monitorizar a multirresistência e continua a ser indispensável para adaptar o tratamento de antigos doentes de tuberculose com resistência aos antibióticos (**Schwoebel et al., 2000**).

REFERÊNCIAS BIBLIOGRÁFICAS

❑Bercion R, Kuaban C. Resistência inicial entre os doentes com tuberculose em Yaoundé, Camarões, em 1995. Int J Tuberc Lung Dis 1997; 1 (2): 110 - 114.

❑Botella Hélène ,Estudo do zinco e das ATPases do tipo P na interação entre o Mycobacterium tuberculosis e as células hospedeiras. Tese de doutoramento, Marrocos, 2011.

❑Carbonelle B., Dailloux M., Lebrun L., Maugein J. e Pernot C.,2003.Biologie médicale. Micobactérias, Micobacteriose. Cahier de Formation 29:158 p.

❑CheD, Antoine D. Epidemiologia da tuberculose em França em 2008. Med Mal Infect. 2011Jul; 41(7):372-8. PubMed | Google Scholar

❑DialloS.Co-infeção VIH/tuberculose no centro de tuberculose pointG. FMPOS/ NIAID, HIV, seminário sobre ensaios clínicos. Bamako 2003.

❑ Eholie SPetal. Fate of HIV-infected tuberculosis patients in Abidjan (Ivory Coast). Med Mal Infect.1999; 29:697-704. PubMed | Google Scholar.

❑EL Helari N. e Vergez P.,1993. Identification des mycobactéries. 90:5-15.

❑Hochedez P. et al. Tuberculose linfonodal em doentes infectados ou não com VIH: caraterísticas gerais, apresentação clínica, diagnóstico microbiológico e tratamento.Pathol. Biol (Paris), 2003; 51 : 496- 502.

❑Kakisingi N et al. Perfil epidemiológico e clínico da tuberculose na zona sanitária de Lubumbashi (RD Congo).Pan African Medical Journal. 2014; 17:70 doi:10.11604/pamj.2014.17.70.2445.

❑Kumaresan JA: Tuberculose. In: Murray C J L, Lopez A D, eds. The global burden of disease and risk factors in 1990, Genebra OMS 1996.

❑Lawn SD, Afful B, Acheampong JW: Tuberculose pulmonar: atraso no diagnóstico em adultos do Gana. Int J Tuberc Lung Dis1998; 2: 635-40.

❑LoembaH. etal. ImpactduSIDAsurlarecrudescencedelatuberculoseetlaréductiondela disponibilitédela lits hospitaliers à Brazzaville (Congo). Cahier santé, 1995; 5: 278- 82.

❑Mbatchou nN et al.Profil clinique, biologique et radiologique des nouveaux cas de tuberculose pulmonaire au Centre Hospitalier Universitaire de Fann-Dakar.Rev Mal Respir 2008; 25 :22-6doi: 10.1019/200720201

❑M'Boussa J, Yokolo D, Pereira B, Ebata-Mongo S. Surge in tuberculosis in armed conflict: the case of Congo Brazzaville. Int J Tuberc Lung Dis 2002; 6 (6) : 475 - 478

❑Mario C Raviglione, Richard JO'Brien. Tuberculose. Em Harrison's principles of internal medicine, 17th Edition. 2008. EUA. The McGraw-Hill Companies.

❑Mbatchou BH. et al. Perfil clínico, biológico e radiológico dos novos casos de tuberculose pulmonar no Hospital Universitário de Fann-Dakar. Elsevier Masson SAS, Rev Mal Respir 2008; 25: 22-6

❑Mtiraoui Aetal. Epidemiologia da tuberculose no Sahel tunisino. Med Mal Infect.1998;28(2):199-202. PubMed | Google Scholar

❑Murray J.F. La tuberculose dans le monde=situation et perspective en l'an 2001,18: 479-484

❑Nafissatou Touré O.Contribuição para o estudo dos factores de risco de surto de uma tuberculose por baciloscopia negativa. Tese de doutoramento em medicina em Dakar, 2000.

❑Relatório anual da coordenação provincial da luta contra a tuberculose, Katanga Sul, 2010.

❑ RaymondD et al.Lutte antituberculeuse et aspects épidémiologiques de la tuberculose:province de Toliara1995.Arch. Inst Pasteur Madagascar 1998; 64 (1&2): 37- 40

❑Rhaly S. Aspectscliniques, diagnostiques et thérapeutiques de la tuberculose chez les enfants de 0-15 ans dans les services de pneumo-phtisiologie de l'hôpital national du point G et du dispensaire antituberculeux de Bamako (à propos de 30 cas). Tese de doutoramento, Bamako, 1993

❑ SchwoebelV., Lambregts C.S.B., Moro M.L, DrobniewskiF., HoffnerS.E., Raviglione M.C.et RiederH.L. em nome de um grupo de trabalho da Organização Mundial de Saúde (OMS) e da União Internacional contra a Tuberculose e as Doenças Pulmonares (IUATLD),2000. Vigilância da resistência aos medicamentos anti-tuberculose: Recomendações europeias. Eurosurveillance 5 :104-6.

❑ www.bfmtv.com / sociedade / tuberculose-que-ainda-é-afetada-pela-epidemia- 836086.html

ÍNDICE DE CONTEÚDOS

MIX
Papier aus verantwortungsvollen Quellen
Paper from responsible sources
FSC® C105338

Printed by Books on Demand GmbH, Norderstedt / Germany